Mach dich schlau !

Mit Erfolg durch die 4. Klasse

Inhalt

Mathematik

Deutsch

Der Stift bedeutet:

Hier sollst du etwas ausfüllen.

Der Pinsel bedeutet:

Hier sollst du etwas malen.

Die Zahlen bis 10 000

Pfiff ist schon ganz gespannt.
Jetzt geht es mit großen Schritten
zu den großen Zahlen.

Pfiff hat
- Tausender (Streifen)
- Hunderter (Quadrate)
- Zehner (Striche) und
- Einer (Punkte).

Wie viel sind:

Schreibe so: 2T 3H 5Z 2E

1. ______________________________

2. ______________________________

3. ______________________________

Pfiff möchte unbedingt jetzt auch große Zahlen schreiben.

Wie heißen die Zahlen?

3T 4H 5Z 3E = ______________

6T 3H 8Z 1E = ______________

9T 2H 4Z 7E = ______________

5T 6H 7Z 8E = ______________

8T 0H 4Z 3E = ______________

2T 4H 0Z 9E = ______________

7T 5H 8Z 0E = ______________

9T 2H 1Z 1E = ______________

Pfiff hat schon gemerkt:
Bei den Tausenderzahlen muss man gut aufpassen!

	T	H	Z	E
2 345	1	150		
5 978				
3 560				
7 805				

	T	H	Z	E
4 872				
7 609				
9 087				
456				

	T	H	Z	E
2 083				
5 901				
17				
6 020				

Pfiff traut sich jetzt schon einiges zu.

Er versucht, in großen Schritten zu gehen. Gehst du mit ihm? Wenn du immer richtig ankommst, erfährst du, wo Pfiff gelandet ist.

Gehe in Hunderterschritten!

2 600 2 700 2____ _____ _____ _____ _____

7 800 7____ _____ _____ _____ _____ _____

8 500 _____ _____ _____ _____ _____ _____

3 700 _____ _____ _____ _____ _____ _____

5 600 _____ _____ _____ _____ _____ _____

6 900 _____ _____ _____ _____ _____ _____

Hier die Lösungszahlen mit entsprechenden Buchstaben.
Aber Vorsicht, es haben sich auch falsche Lösungen eingeschmuggelt!

4 300 (T) - 2 400 (P) - 7 500 (N) - 3 200 (G) - 5 100 (S)
6 200 (E) - 9 100 (R) - 8 400 (A)

Pfiff ist in den ___ ___ ___ ___ ___ ___ gegangen.

So, jetzt gibt es nicht nur etwas für Rechenmeister (so einer will Pfiff ja werden). Nein, hier muss man auch toll lesen können. Kannst du folgende „Mammutzahlen“ lesen und die Zahlen dazu finden?

siebentausendeinhundert: ____________

sechstausendvierhundertzehn: ____________

fünftausendzweihundertdreizehn: ____________

achttausendvierhunderteins: ____________

neuntausendzwölf: ____________

dreihundertvierundvierzig: ____________

fünftausendsieben: ____________

siebentausendsechzehn: ____________

Lösungen:

7 100	9 012
6 410	344
5 213	5 007
8 401	7 016

Noch fühlt sich Pfiff nicht ganz fit

Er muss weitertrainieren, damit er sicher im Zahlenraum bis 10 000 hin und her springen kann.
Hier macht er seine Schritte mit allerlei Tieren:

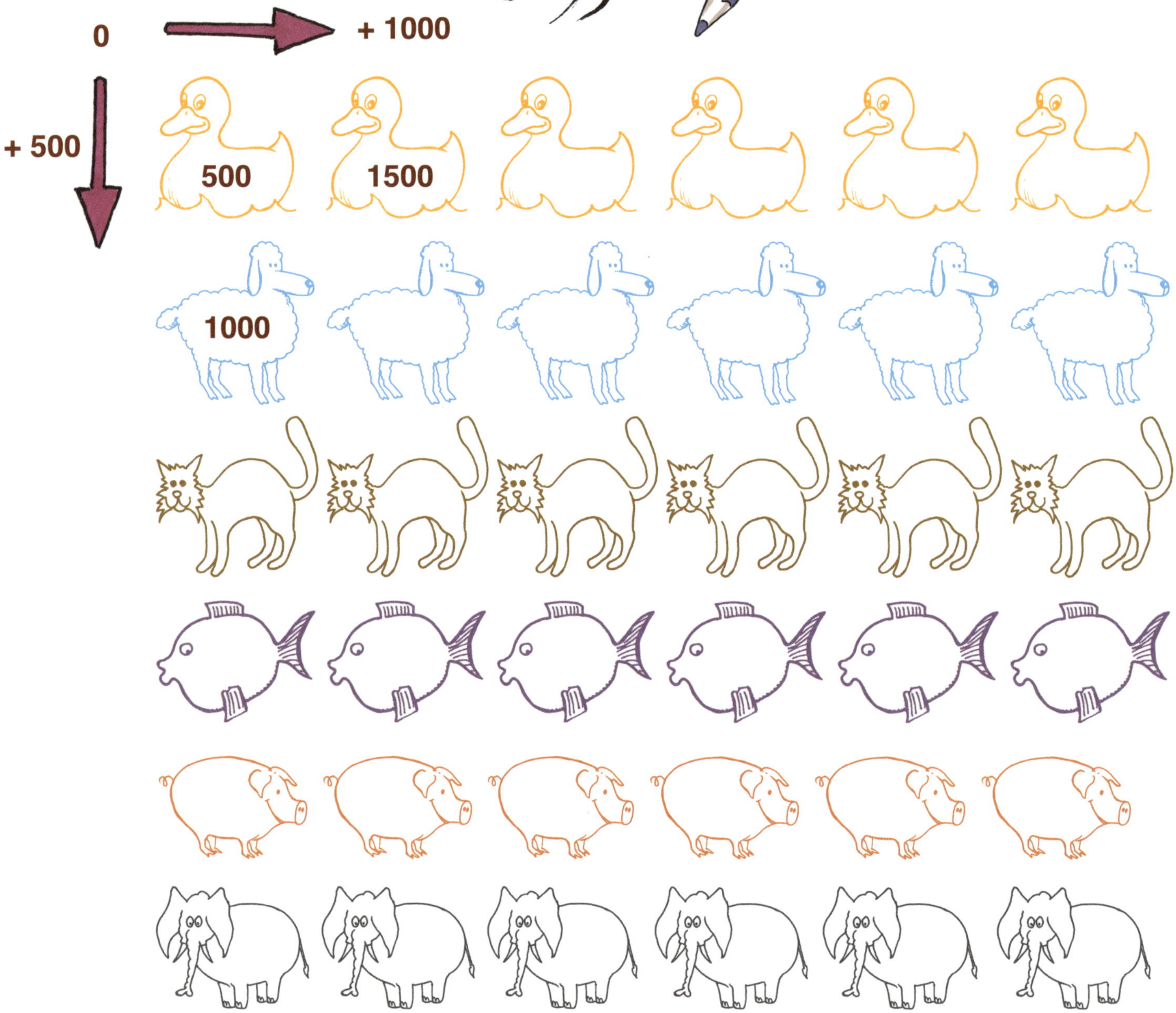

Pfiff wird immer besser.
Aber er weiß ganz gut:

Hier kannst du Vorgänger und Nachfolger einsetzen.

_________ 4 753 _________

_________ 5 799 _________

_________ 6 209 _________

_________ 2 375 _________

_________ 3 000 _________

_________ 4 100 _________

_________ 1 479 _________

_________ 5 999 _________

_________ 7 000 _________

_________ 6 899 _________

Die Lösungen findest du hinten.

Schriftliches Addieren und Subtrahieren

Du bist jetzt sicher schon gut im Zahlenraum bis 10 000. Du kennst die Zahlen und kannst mit ihnen umgehen. Pfiff erinnert sich an das schriftliche Addieren und Subtrahieren. Er probiert es mit großen Zahlen.

2 698	7 394	5 542	9 001	1 467
+1 423	–2 586	+3 792	–2 743	+6 838
____	____	____	____	____
E	N	A	C	S
8 342	2 675	6 400	3 048	7 112
–4 453	+2 857	–1 731	+3 947	–4 320
____	____	____	____	____
I	I	I	K	H
2 042	8 136	4 889	9 333	3 346
+6 891	–2 747	+2 654	–6 984	+4 767
____	____	____	____	____
N	S	S	I	N

Hier geht es noch ein wenig weiter:

8 432	7 018	6 211
–5 968	+1 997	–3 847
____	____	____
B	D	C

2 893	9 336	3 456
+4 565	–5 448	+1 817
____	____	____
A	N	A

8 000
–1 622
____
H

Trage die Buchstaben hier ein und du erfährst, was Pfiff sagt:

2 349 ___ 4 121 ___ 5 532 ___
2 364 ___ 4 669 ___ 6 258 ___
2 792 ___ 4 808 ___ 6 378 ___

2 464 ___ 5 273 ___ 6 995 ___ 9 015 ___
3 889 ___ 5 389 ___ 7 458 ___ 9 334 ___
3 888 ___ 7 543 ___ 8 113 ___ 8 305 ___!
8 933 ___

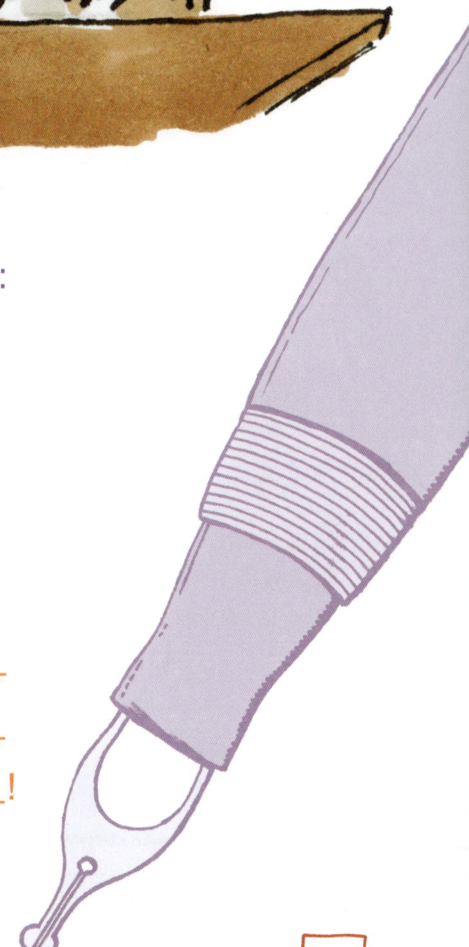

Pfiff und der Zauberer Fidibus haben sich getroffen.

Welche Hüte ergeben zusammen die folgenden Zahlen?

Fidibus hat mal wieder gezaubert und Pfiff soll jetzt mit seinen Rateaufgaben zurechtkommen.

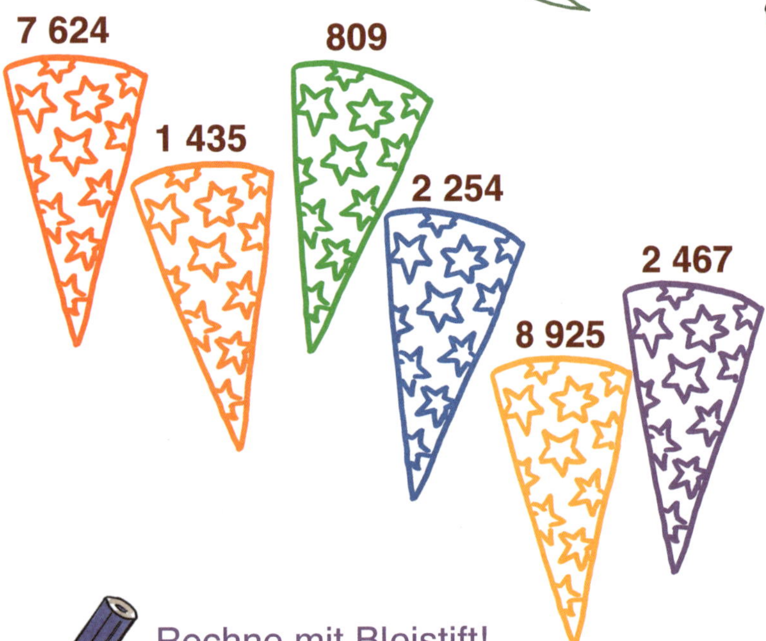

Rechne mit Bleistift!

	______	______
+	______	______
	______	______
	8 4 3 3	4 7 2 1

Die Lösung findest du im Anhang des Buches.

Pfiff ist im Garten.
Es wird langsam Herbst.

Am Baum hingen 5 684 Blätter.
(Wer die wohl gezählt hat?)
Jetzt sind es nur noch 3 489 Blätter.
Wie viele sind denn heruntergefallen?
Rechnest du es aus?

Das ist die Lösung: giznuendnufnüftrednuhniednesuatiewz

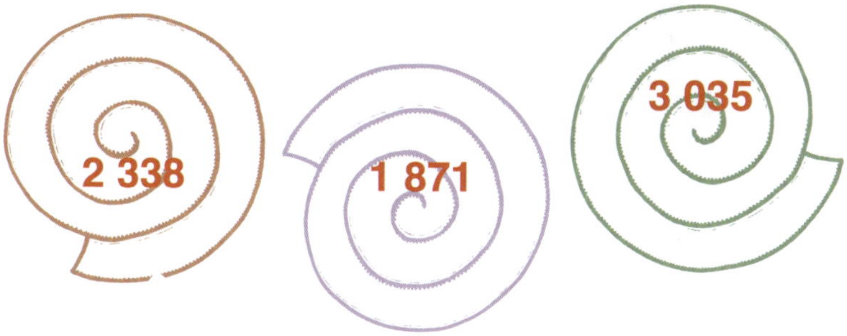

Unter dem Laub haben sich auch Schnecken verkrochen.

Welche Schnecke gehört zu welcher Aufgabe?

a.) 4567 – 2 229

b.) 7 602 – 4 567

c.) 4 327 – 2 456

Pfiff möchte das Subtrahieren noch ein bisschen üben.

Hier sind ein paar Aufgaben.
Am besten rechnest du sie auf einem Extrablatt.
Verbinde dann die Aufgaben durch einen Strich mit der richtigen Lösung.

4 788 – 2 322 = ______

10 000 – 5 677 = ______

4 899 – 1 233 = ______

9 877 – 5 699 = ______

8 309 – 4 506 = ______

7 777 – 5 788 = ______

3 766 – 1 844 = ______

Ein letztes Mal will Pfiff noch üben, ob er die großen Zahlen richtig voneinander abziehen kann. Bestimmt kannst du ihm helfen, ein richtiger Meister der Subtraktion zu werden.

Aufgepasst, manchmal musst du auch addieren, um die Lücken zu füllen!

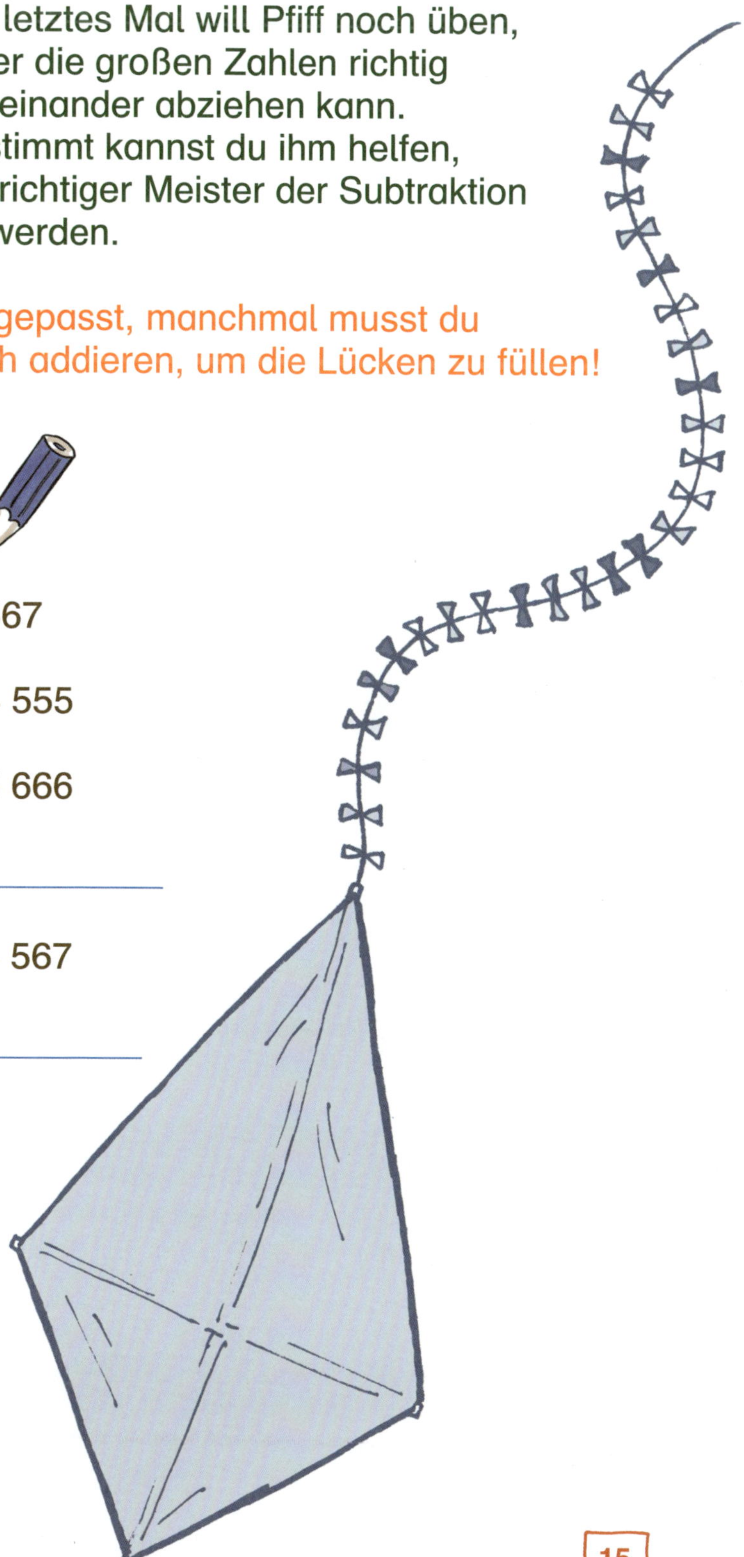

1 123 – ____________ = 567

8 456 – ____________ = 4 555

____________ – 2 333 = 5 666

6 789 – 4 555 = ____________

__________ – 4 321 = 4 567

10 000 – 3 456 = ____________

Schriftliches Multiplizieren

Erst möchte Pfiff ein bisschen im Kopf multiplizieren:

1.) 7 • 3 = ____ 5 • 8 = ____ 9 • 5 = ____

7 • 30 = ____ 5 • 80 = ____ 9 • 50 = ____

7 • 300 = ____ 5 • 800 = ____ 9 • 500 = ____

Das war sicher nicht so schwer, oder?
Dann geht es hier gleich weiter:

2.)

•	70	700
4		
7		
2		

•	90	900
8		
6		
9		

•	80	800
5		
3		
8		

Und gleich noch ein paar „superleichte“ Übungen:

3.) 7 • 800 = ____ 4 • 900 = ____ 9 • 400 = ____

8 • 500 = ____ 5 • 700 = ____ 7 • 600 = ____

4.) 2 800 = ____ • 400 4 200 = ____ • 600 7 200 = ____ • 800

3 500 = ____ • 700 5 400 = ____ • 900 1 800 = ____ • 300

Pfiff muss jetzt noch schnell das schriftliche Multiplizieren mit den großen Zahlen üben. Aber das ist sicher nicht mehr so schwer.

Hier also erst einmal ein paar einfache Aufgaben zur schriftlichen Multiplikation:

Was Pfiff dir danach zu sagen hat, erfährst du durch die Lösungsbuchstaben.

312 • 2 E
H Z E
6 2 4

132 • 3 C
H Z E

241 • 2 S
H Z E

310 • 2 N
H Z E

204 • 2 F
H Z E

242 • 2 A
H Z E

110 • 9 R
H Z E

101 • 9 E
H Z E

403 • 2 H
H Z E

230 • 3 I
H Z E

333 • 3 H
H Z E

Pfiff sagt: „Das war doch

482 909 999 990 624 690 620 408 484 396 806

___ ___ ___ ___ ___ ___ ___ ___ ___ ___ ___."

Jetzt wird es etwas schwieriger:

Pfiff multipliziert jetzt mit großen Zahlen und geht über Zehner und Hunderter. Also aufgepasst!

Hast du das verstanden? Das kannst du an den nächsten Aufgaben gleich testen.

1 135 · 6 A
T H Z E

1 674 · 5 L
T H Z E

3 268 · 3 T
T H Z E

1 923 · 3 P
T H Z E

2 265 · 2 S
T H Z E

1 827 · 3 D
T H Z E

432 · 4 K
T H Z E

654 · 4 A
T H Z E

214 · 3 P
H Z E

Lösung:

5 481 6 810 4 530

1 728 8 370 2 616 642 5 769 9 804

____ ____ ____

____ ____ ____ ____ ____ ____!

Mit schwierigen Zahlen übt er jetzt weiter.

**Pfiff möchte mit Molli Eis essen.
Was er sich bestellt, kannst du
nach deiner Rechnerei erfahren.**

989 • 5
T H Z E

467 • 9
T H Z E

613 • 8
T H Z E

573 • 7
T H Z E

888 • 8

999 • 9

777 • 7

666 • 6

1234 • 6

2345 • 3

3456 • 2

4 203 (P), 4 904 (A), 8 991 (T), 7 035 (I), 7 104 (E), 3 996 (I)

7 404 (E), 4 011 (G), 6 912 (S), 4 945 (S), 5 439 (T)

Pfiff isst am liebsten _ _ _ _ _ _ _ _ _ _ _ .

Hier noch einige Aufgaben zum Üben. Dieses Mal darfst du neben dem Rechnen auch noch malen.

Male die Lösungzahlen in den entsprechenden Feldern an und du wirst sehen, was Pfiff im Garten gerade beobachtet hat.

746 • 6	865 • 2	1320 • 7	798 • 5	323 • 4
______	______	______	______	______
139 • 9	872 • 8	339 • 7	176 • 5	1 529 • 5
______	______	______	______	______
2 459 • 3	3 356 • 2			
______	______			

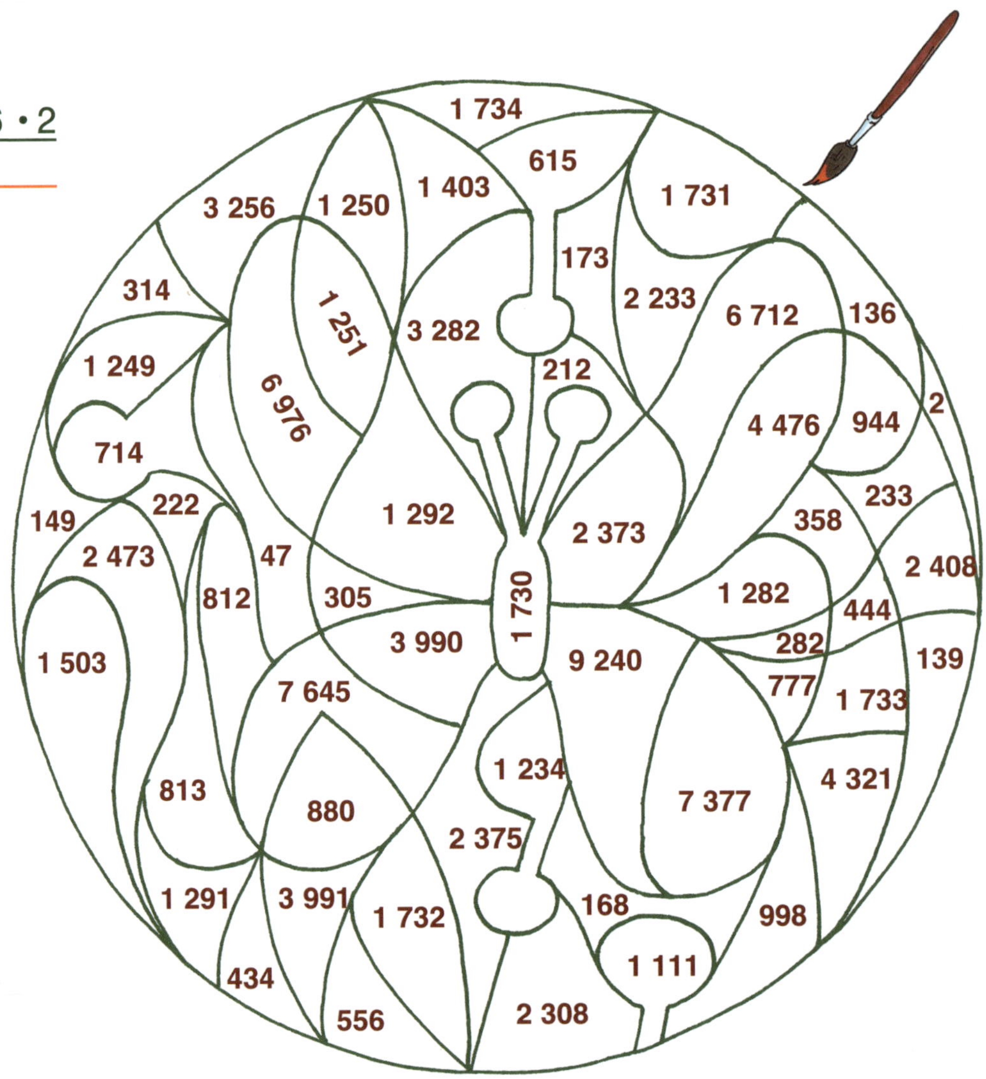

Jetzt hat Pfiff dir etwas ganz Besonderes mitgebracht: Rechenschlangen!

Die Zweierschlange:

Wie oft kannst du die 2 mit sich selbst malnehmen, ohne die 10 000 zu überschreiten und welche Zahl kommt raus?

Die Dreierschlange:

Wie oft kannst du die 3 mit sich selbst malnehmen, ohne die 10 000 zu überschreiten und welche Zahl kommt raus?

Wenn du sehen möchtest, ob alles gestimmt hat, schau einfach hinten nach!

Die Zahlen bis 100 000

Pfiff ist ja ganz fit im Rechnen. Doch jetzt werden die Zahlen größer. Es geht bis zur 100 000. Zehn Zehntausender braucht er, um einen Hunderttausender zu füllen. Übe ein bisschen mit ihm!

Zur Erklärung:

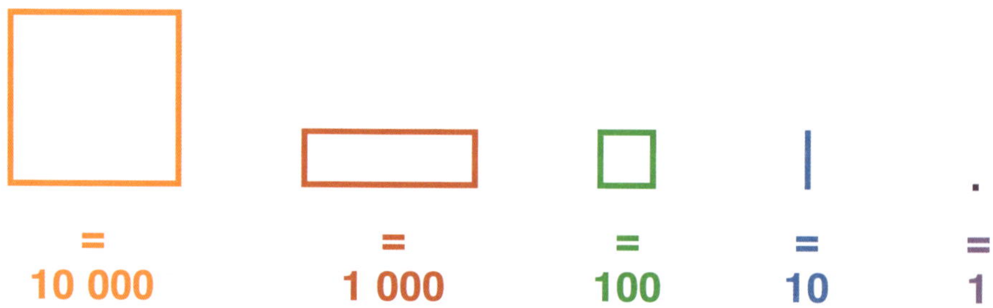

Schreibe die Zahlen dazu!

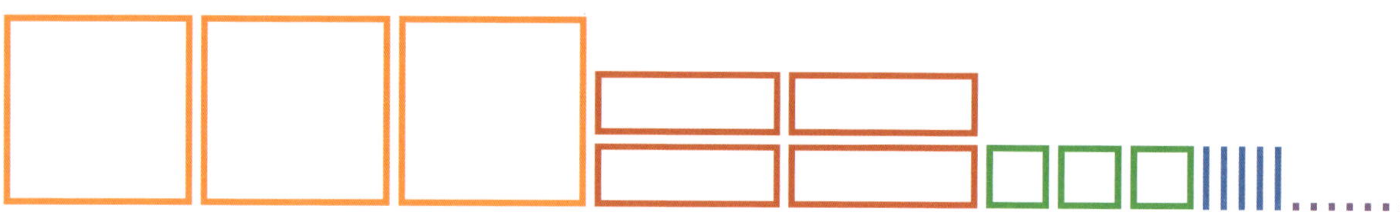

Die Zahl heißt: ______________

Die Zahl heißt: ______________

Und weil es so viel Spaß macht, macht Pfiff gleich noch weiter.

Die Zahl heißt: ____________________

DIe Zahl heißt: ________________________

Pfiff fühlt sich jetzt neben den Zahlen schon wieder größer.
Er will sie in eine Stellentafel eintragen.
Du kommst ihm sicher gerne zu Hilfe.

HT	ZT	T	H	Z	E
	2	3	4	5	6

Trage nun die folgenden Zahlen in die Stellentafel ein!

31 564   88 120   57 635
99 999   10 001   100 010
50 704   90 109   72 973
33 300   30 303   64 401

HT	ZT	T	H	Z	E
	3	1	5	6	4

Jetzt versucht Pfiff, Vorgänger und Nachfolger zu finden.

Vorgänger	Zahl	Nachfolger
27 434	27 435	27 436
______	43 199	______
______	60 999	______
______	18 409	______
______	26 001	______
______	67 909	______
______	41 000	______
______	55 099	______

Pfiff hat fünf Ziffernkarten.

Bilde aus diesen Karten alle fünfstelligen Zahlen, welche die 20 vorne haben!
Wie heißt die größte Zahl?
Wie heißt die kleinste Zahl?

Hier kannst du die Zahlen hinschreiben, die du gefunden hast.

____

Wie viele sind es?

Es sind ____________________ Zahlen.

Die größte Zahl heißt: ____________________

Die kleinste heißt: ____________________

Bilde nun aus den Ziffern 3, 4, 5, 6 und 8 noch einmal alle fünfstelligen Zahlen, welche die 35 vorne haben!

____

____

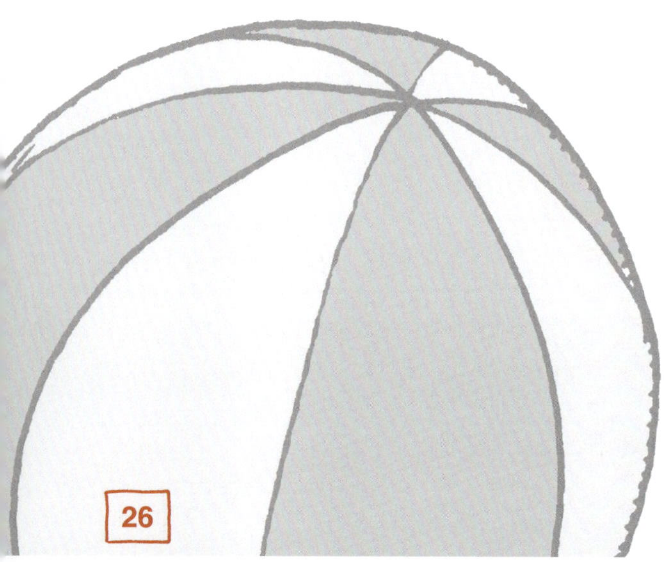

Sortiere sie hier nach der Größe:

____

____

____

Schau im Anhang nach, ob alles richtig war!

Pfiff war beim Fußball.
Er war zum ersten Mal in einem richtig großen Stadion, bei einem wichtigen Spiel. Das war vielleicht toll! Am nächsten Tag hört er in den Nachrichten, dass ungefähr 23 000 Zuschauer da waren. Von seinem Onkel weiß Pfiff, dass genau 22 756 Karten verkauft wurden. Man hat die Zahl in den Nachrichten **„gerundet“.**

Runde jetzt auf volle Hunderter! Beachte dabei die Zehner!

ZT	T	H	Z	E
7	5	6	5	1
3	2	1	7	0
2	4	2	2	9
5	7	3	4	5
9	0	0	9	9

ZT	T	H	Z	E
7	5	7	0	0

Runde jetzt auf volle Tausender! Beachte dabei die Hunderter!

HT	T	H	Z	E
2	1	5	9	4
3	4	4	1	5
3	6	9	1	0
2	9	7	1	8
3	3	1	7	9

HT	T	H	Z	E
2	2	0	0	0

Schau doch hinten nach, ob das Runden geklappt hat!

„Das hat ja richtig Spaß gemacht!“, meint Pfiff

Er möchte jetzt noch versuchen, auf volle Zehntausender zu runden. Auf welche Stelle musst du dabei besonders achten?

Pfiff hat ein Beispiel für dich:

Mache du es ebenso!

96 189 ist ungefähr ____________________

34 982 ist ungefähr ____________________

48 200 ist ungefähr ____________________

73 499 ist ungefähr ____________________

25 000 ist ungefähr ____________________

57 005 ist ungefähr ____________________

24 874 ist ungefähr ____________________

79 078 ist ungefähr ____________________

24 178 ist ungefähr ____________________

83 298 ist ungefähr ____________________

68 943 ist ungefähr ____________________

Sieh hinten nach, ob alles richtig war.
Aber erst, wenn du fertig bist!

Pfiff hat sich ja jetzt lange mit den Zahlen bis 100 000 beschäftigt. Jetzt möchte er wieder ein bisschen rechnen. Erst etwas für den Kopf.

Rechne doch mit ihm die folgenden Aufgaben. Unten im Ausmalbild siehst du, welches Instrument er gerne spielen möchte.

46 000 + 4 000 = ______ 57 000 + 8 000 = ______ 91 000 – 7 000 = ______

39 000 + 2 000 = ______ 84 000 + 7 000 = ______ 42 000 – 5 000 = ______

58 000 + 8 000 = ______ 49 000 – 9 000 = ______ 86 000 – 9 000 = ______

76 000 + 9 000 = ______ 62 000 – 7 000 = ______ 13 000 – 6 000 = ______

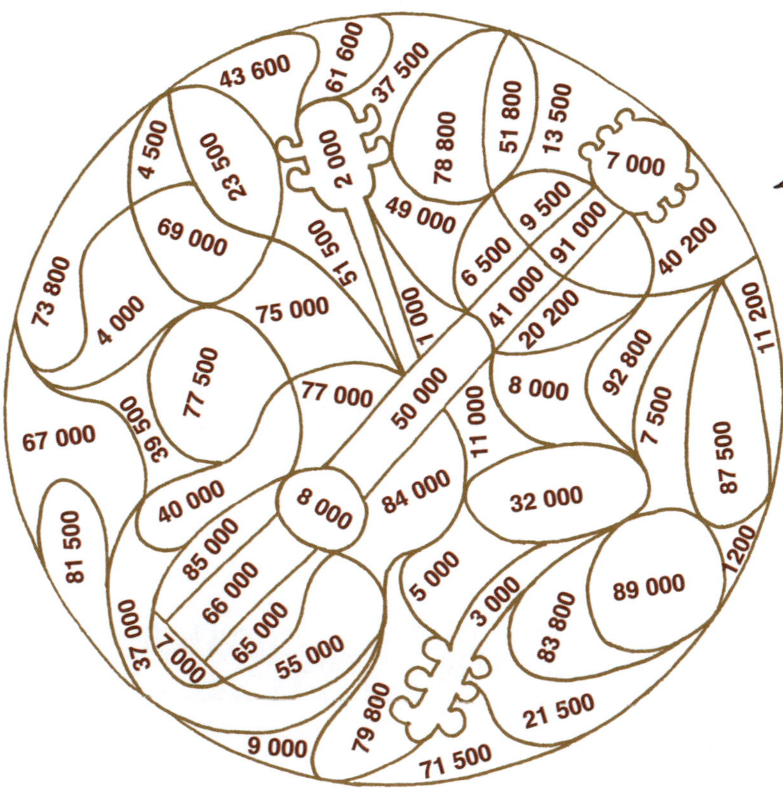

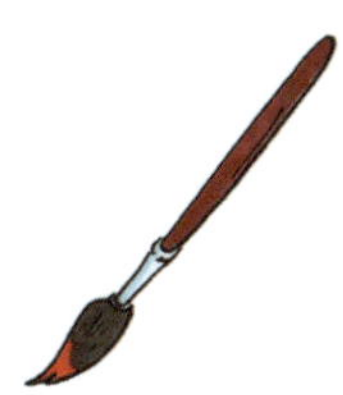

Pfiffs Nachbar besitzt zwei Lastwagen, denn er ist Spediteur.

Er lässt Pfiff ausrechnen, wie viele Kilometer die beiden schon zurückgelegt haben.

Kilometerstand von LKW 1: 62 136

Kilometerstand von LKW 2: 29 567

Rechnest du die Kilometer aus?

  62 136 km
+ 29 567 km
_______ km

Das hat Pfiff Spaß gemacht. Er rechnet noch ein paar schriftliche Aufgaben mit großen Zahlen.

52 345	45 687	78 904
+ 34 789	+ 21 988	+ 12 344
_______	_______	_______
34 555	67 890	22 899
+ 34 555	+ 21 344	+ 67 777
_______	_______	_______

Die Lösungen stehen hinten im Buch!

Na, das war schon ganz schön schwierig, oder? Bevor Pfiff eine richtig große Pause macht, möchte er auch noch schriftlich subtrahieren:

Der eine LKW des Nachbarn hatte am Montag einen Kilometerstand von 61 209 km. Nach seiner Fahrt hatte er am Donnerstag einen Kilometerstand von 65 317 km. Wie viele Kilometer hat er zurückgelegt?

Rechne mit Pfiff so:

  65 317 km
– 61 209 km
____

Wenn du wissen möchtest, wo der LKW unter anderem auch war, dann suche die Buchstaben zu den Lösungsziffern zusammen!

N (8), W (4), E (0), I (1)

Er war auch in ___ ___ ___ ___.

Hier noch ein paar Minusaufgaben zum Üben:

34 567	88 888	99 000
– 12 345	– 44 555	– 66 999
______	______	______
67 888	33 333	
– 16 808	– 22 444	
______	______	

51 080 (I), 44 333 (A), 32 001 (R), 10 889 (S), 22 222 (P)

Der LKW war auch noch in ___ ___ ___ ___ ___.

Na, das war doch prima! Pfiff möchte nun noch im großen Zahlenraum bis 100 000 multiplizieren.

Das schriftliche Multiplizieren hat er ja schon geübt im letzten Kapitel. Jetzt aber mit großen Zahlen:

23 456 • 2

12 345 • 4

Addiere hier die beiden Ergebnisse:

Es fehlen noch 3 708 bis 100 000. Prüfe nach!

7654 • 9

12 999 • 3

Subtrahiere die beiden Ergebnisse (das kleinere vom größeren):

Du musst 29 889 erhalten.

Pfiff hat im Kinderzimmer gewühlt.
Dabei hat er ein paar Schachteln gefunden.
Du malst sie sicher mit ihm an.

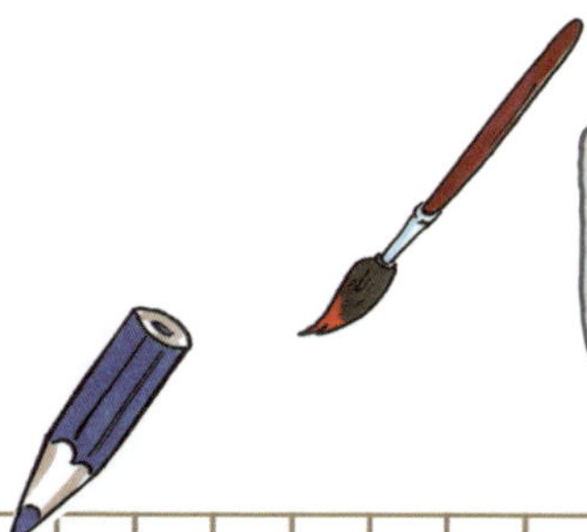

Hier die Farben für die Schachteln:
48 108: Rot, 49 788: Grün, 64 912: Blau, 79 008: Orange, 63 945: Gelb

Beim Kramen hat Pfiff auch die Teile eines Puzzlespieles gefunden. Aber wo gehören die hin?

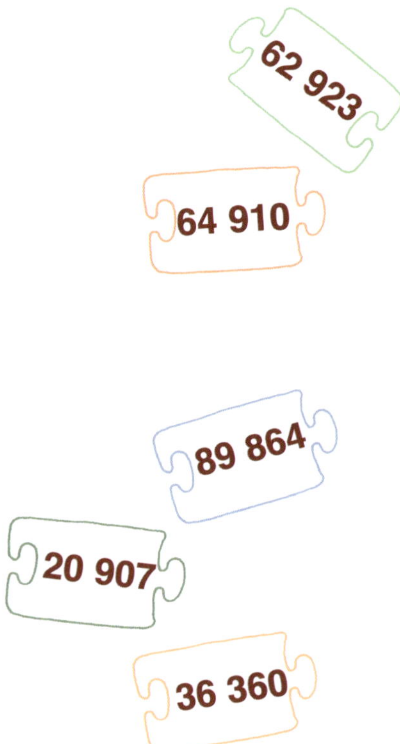

4 545 · 8

____

2 323 · 9

____

32 455 · 2

____

22 466 · 4

____

8 989 · 7

____

Nun hat Pfiff erst einmal genug gerechnet.
Fidibus ist nämlich zu Besuch gekommen.
Er zaubert ein paar Rätsel aus seinem Hut.

Meine Zahl erreichst du, wenn du von 40 000 aus 5000 Schritte rückwärts gehst. Wie heißt meine Zahl?

Meine Zahl ist das Vierfache von 20 000. Wie heißt meine Zahl?

Meine Zahl ist kleiner als 5000 und größer als 4000. Wie kann sie heißen?

Fidibus hat natürlich auch
die Ergebnisse verzaubert.

Knoble ein bisschen und
vergleiche mit deinen Lösungen!

999 4 dnu 100 4 nehcsiwz nelhaZ ella/
000 08 /dnesuatgißierddnufnüf

Die Zahlen bis 1 000 000

Jetzt wird es richtig gut.
Pfiff geht zur Million.

Das sind ganz schön viele Nullen, was? Das Millionenbuch hat tausend Tausenderbücher.

Das Zählen in großen Schritten hast du ja bereits bis 100 000 geübt. Jetzt geht es in Riesenschritten zur Million.

1.) 100 000, 200 000, ________, ________, ________, ________, ________, ________, ________, 1 000 000.

2.) 200 000, 400 000, ________, ________, 1 000 000.

3.) 250 000, 500 000, ________, 1 000 000.

4.) 910 000, 920 000, ________, ________, ________, ________, ________, ________, ________, 1 000 000.

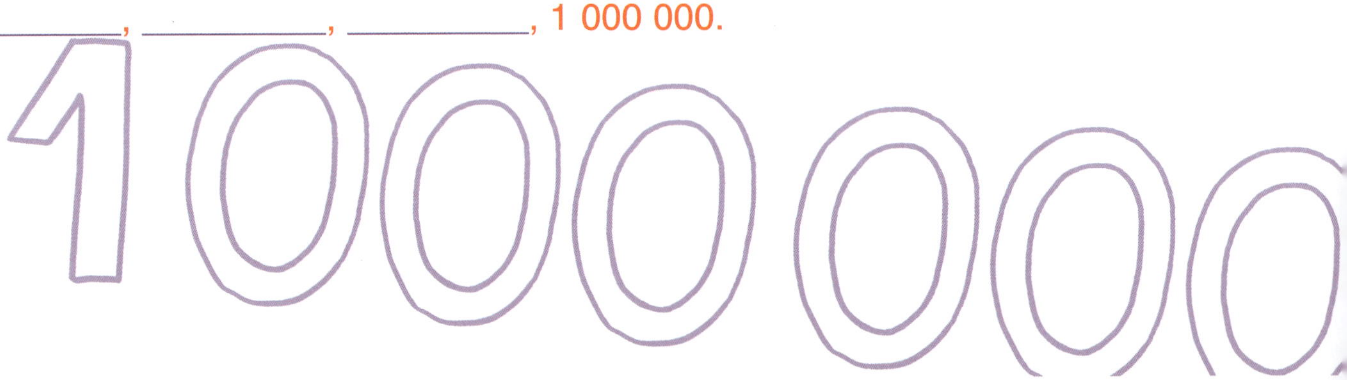

Und weiter geht es mit den Zählübungen.
Pfiff macht das großen Spaß.

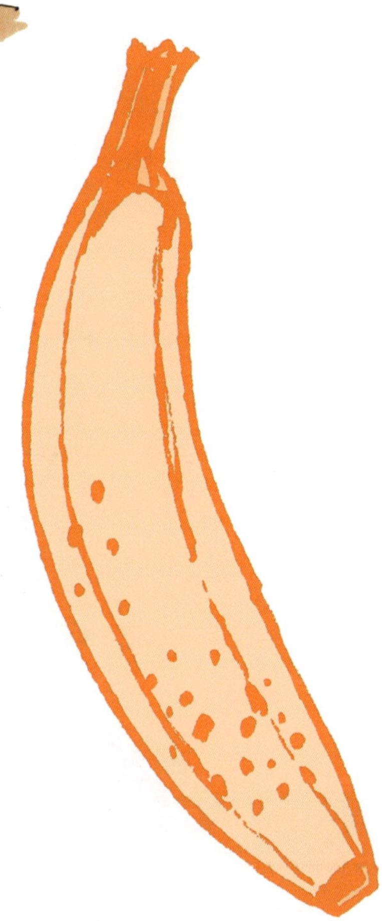

1.) 1 000, 3 000, 5 000, __________, __________,

__________, __________, 15 000.

2.) 41 000, 43 000, 45 000, __________, __________,

__________, __________, 55 000.

3.) 65 000, 70 000, 75 000, __________, __________,

__________, __________, __________, __________, 110 000.

4.) 240 000, 245 000, 250 000, __________, __________,

__________, __________, __________, __________, 285 000.

Vom Zählen kann Pfiff gar nicht genug bekommen. Das ist auch ganz schön wichtig, wenn man sich mit den Zahlen bis 1 Million auskennen will.

Zähle weiter:

1.) 10 000, 10 500, 11 000, ________, ________, ________,

________, ________, ________, ________, 15 000.

2.) 32 100, 32 200, 32 300, ________, ________, ________,

________, ________, ________, 33 000.

3.) 350 000, 350 200, 350 400, ________, ________, ________,

________, ________, 351 600.

4.) 999 900, 999 910, 999 920, ________, ________, ________,

________, ________, ________, ________, 1 000 000.

Das hast du prima gemacht!

Pfiff möchte noch ein wenig das Zählen üben.
Füllst du die Fahrzeuge mit den entsprechenden Zahlen?

+ 100 000

Pfiff hat sich erst einmal gestärkt und einen kräftigen Schluck getrunken.
Dazu möchte er natürlich auch etwas essen.
Was, das kannst du erfahren, wenn du die nächsten Ergänzungsaufgaben gelöst hast.

Ergänze zum nächsten Tausender!

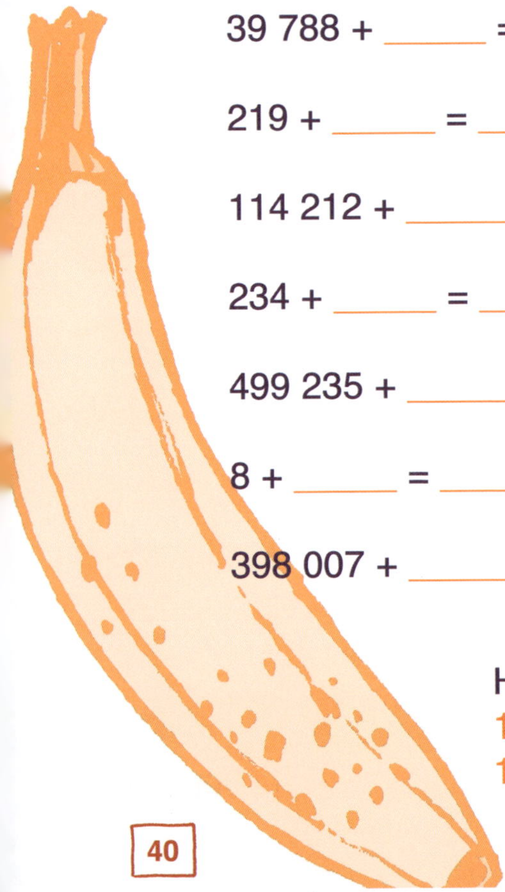

855 + ______ = 1 000

38 856 + ______ = 39 000

693 + ______ = ________

24 694 + ______ = ________

789 + ______ = ________

39 788 + ______ = ________

219 + ______ = ________

114 212 + ______ = ________

234 + ______ = ________

499 235 + ______ = ________

8 + ______ = ________

398 007 + ______ = ________

Hier die Ergänzungszahlen:

788 (T)	212 (R)	211 (B)
145 (K)	306 (E)	992 (E)
781 (Ö)	144 (Ä)	765 (H)
993 (N)	307 (S)	766 (C)

Hier die Endzahlen (von oben nach unten der Reihe nach):
1 000, 25 000, 1 000, 40 000, 1 000
115 000, 1 000, 500 000, 1 000, 399 000

Hier kannst du die Burg anmalen. Dazu musst du aber zuerst die Aufgaben lösen. Viel Spaß beim Addieren und Subtrahieren bis 1 000 000.

970 000 – 30 000 = ______

222 000 – 40 000 = ______

510 000 – 35 000 = ______

615 000 – 40 000 = ______

875 000 – 8 000 = ______

850 000 – 30 000 = ______

440 000 – 70 000 = ______

730 000 – 65 000 = ______

855 000 – 70 000 = ______

803 000 – 8 000 = ______

380 000 – 40 000 = ______

510 000 – 60 000 = ______

420 000 – 45 000 = ______

315 000 – 30 000 = ______

632 000 – 7 000 = ______

750 000 – 20 000 = ______

860 000 – 90 000 = ______

250 000 – 75 000 = ______

565 000 – 80 000 = ______

906 000 – 9 000 = ______

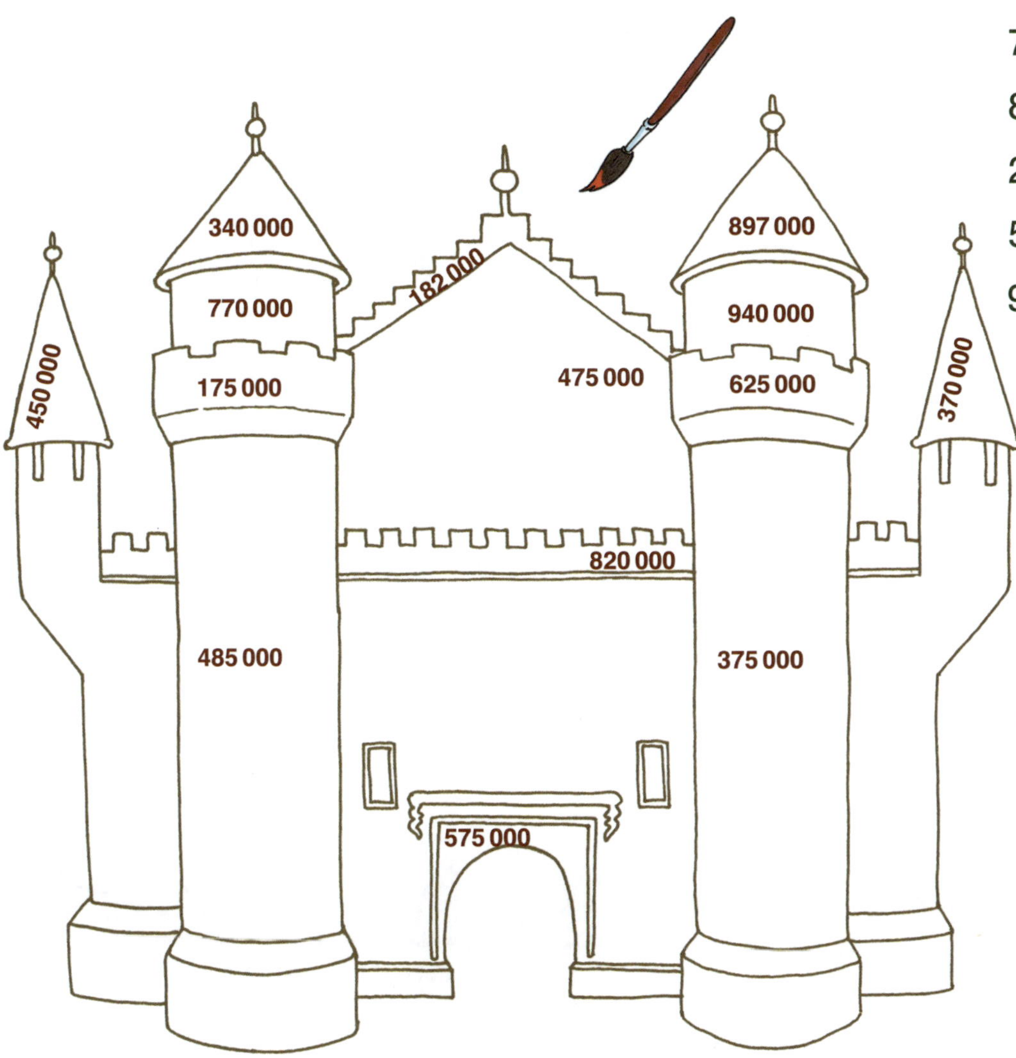

Na, das hat Spaß gemacht.
Nicht wahr?

Pfiff hat gerne gemalt. Eine schöne Burg ist es geworden. Jetzt noch ein bisschen Rechenarbeit, um sich besser an die großen Zahlen zu gewöhnen:

200 000 + 300 000 = ________	400 000 + 120 000 = ________
600 000 + 200 000 = ________	300 000 + 250 000 = ________
300 000 + 700 000 = ________	600 000 + 310 000 = ________
600 000 – 300 000 = ________	610 000 – 300 000 = ________
900 000 – 500 000 = ________	570 000 – 200 000 = ________
300 000 – 100 000 = ________	380 000 – 200 000 = ________

Noch einmal heißt es rechnen mit ganz großen Zahlen.

400 000 + 200 000 = __________

600 000 + 300 000 = __________

200 000 + 500 000 = __________

200 000 + 130 000 = __________

400 000 + 340 000 = __________

600 000 + 220 000 = __________

700 000 – 200 000 = __________

500 000 – 400 000 = __________

900 000 – 600 000 = __________

550 000 – 200 000 = __________

320 000 – 100 000 = __________

710 000 – 400 000 = __________

Hier findest du die Lösungszahlen (durcheinander natürlich):

350 000, 500 000, 300 000, 310 000
100 000, 700 000, 820 000, 740 000
600 000, 220 000, 330 000, 900 000

Na, das war nicht so schwer, oder? Pfiff hat weitergeblättert und einige Hexenhäuschen gefunden.

Hunderterzahl davor	Zahl	Hunderterzahl danach
648 800	648 846	648 900
	256 754	
267 800		
		674 400

Tausenderzahl davor	Zahl	Tausenderzahl danach
258 000	258 892	259 000
	889 298	
678 000	678 889	
	844 312	

Zehntausenderzahl davor	Zahl	ZT-zahl danach
	277 431	
	635 428	
	262 455	
	846 666	

Pfiff kennt sich jetzt supergut aus mit allen Nachbarzahlen. Jetzt will er wieder richtig rechnen. Er war bei seinen Freunden in der 4b. Dort hat er ein paar Hefte stiebitzt, denn er will Lehrer spielen.

Korrigiere doch mit Pfiff die Aufgaben. Rechne nach, ob alles stimmt!

1.)
23 456
+ 78 901
102 557

2.)
1 463
+ 7 682
+ 1 007
10 252

3.)
98 743
– 21 098
77 745

4.)
97 531
– 86 420
1 111

Na, wie viele falsche Aufgaben hast du gefunden?

Es sind ____ falsche Aufgaben.

Streiche die falschen Lösungen durch und schreibe die richtigen Lösungen darunter!

Kontrolliere hinten im Buch, wenn du möchtest.

1.)
53 210
+ 65 432
128 642

2.)
3 418
+ 888
+ 3 419
7 725

3.)
79 767
– 43 104
46 663

4.)
9 898
– 6 464
3 434

Pfiff hat sich das nächste Heft auch noch vorgenommen. Vielleicht sind da weniger Fehler zu finden.

Findest du die Fehler?

Streiche die falschen Lösungen durch und schreibe die richtigen darunter.

Schau im Anhang nach, ob du alle Fehler gefunden hast.

Pfiff hat bald Ferien.

+	2 000	20 000
136 000		
325 000		
587 000		

Was er dann macht, kannst du unten im Bild erkennen.

Aber vorher muss er noch ein wenig mit den großen Zahlen rechnen. Du hilfst ihm sicher gerne! Dann darfst du das Bild auch bunt anmalen.

+	3 000	30 000
245 000		
500 000		
301 000		

Lösungszahlen:
138 000, 156 000, 327 000, 345 000, 589 000, 607 000
248 000, 275 000, 503 000, 530 000, 304 000, 331 000

Und weiter geht es mit Addieren und Subtrahieren:
Du erfährst, was Pfiff auf jeden Fall zum Zelten mitnimmt.

1.
347 563
+ 256 983
+ 120 734

2.
237 365
+ 330 537
+ 155 394

3.
256 720
+ 350 457
+ 209 123

4.
346 578
+ 256 934
+ 378 525

5.
497 653
+ 263 549
+ 196 864

Die Lösungen und die Kennbuchstaben findest du unter den Minusaufgaben auf der nächsten Seite.

Pfiff rechnet weiter und freut sich auf den Campingurlaub. Was er auf keinen Fall vergessen will, erfährst du, wenn du auch die Minusaufgaben gelöst hast. Viel Spaß!

6.

385 267
− 228 916
____

7.

643 760
− 280 765
____

8.

732 569
− 351 947
____

9.

705 602
− 676 289
____

10.

873 433
− 475 733
____

Hier findest du nun die Lösungen der Plus- und Minusaufgaben mit den Kennbuchstaben:

156 351(F), 723 296 (C), 29 313 (C), 397 700 (K), 725 280 (S)
362 995 (S), 816 300 (H), 380 622 (A), 958 066 (A), 982 037 (L)

Den __ __ __ __ __ __ __ __ __ __ darf Pfiff auf keinen Fall vergessen.
1 2 3 4 5 6 7 8 9 10

Nun kann es Pfiff ja mit dem Multiplizieren und Dividieren probieren. Erst einmal legt er ganz einfach los – nämlich im Kopf.

Was natürlich noch in seinem Gepäck ist, erfährst du nach den einfachen Mal- und Teilaufgaben.

·	40	20
8 000	T	T
6 000	A	L
3 000	E	F

:	60	30
18 000	R	M
24 000	U	Z
12 000	T	A

Hier sind die Lösungen. Schreibe die Kennbuchstaben dazu:

120 000, 400, 60 000, 200, 600, 240 000, 320 000,

L ______________________________

300, 400, 160 000, 800, 120 000

____

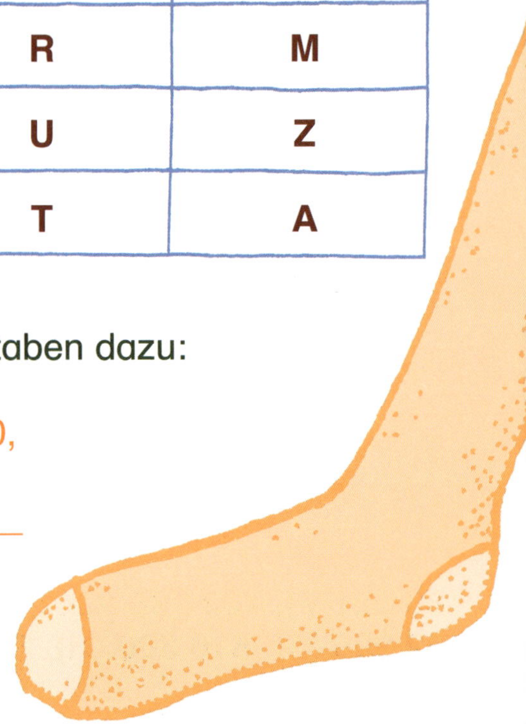

Hier sind für Pfiff noch ein paar Aufgaben zum Üben.
Wenn du die Aufgaben richtig machst, darfst du Pfiffs Begleitung zum Camping auf der nächsten Seite ausmalen. Die Lösungen stehen auch dort.

Schriftliches Malnehmen:

6 735 · 8 ______

3 472 · 6 ______

4 356 · 7 ______

6 358 · 9 ______

Halbschriftliches Teilen:

6 772 : 4 = ______

4 000 : 4 = 1 000
2 400 : 4 = ______
360 : 4 = ______
12 : 4 = ______

2 786 : 2 = ______

2 000 : 2 = ______
______ : 2 = ______
______ : 2 = ______
______ : 2 = ______

9 654 : 6 = ______

6 000 : 6 = ______
3 600 : 6 = ______
______ : 6 = ______
______ : 6 = ______

46 737 : 3 = ______

30 000 : 3 = ______
______ : 3 = ______
______ : 3 = ______
______ : 3 = ______

Trage hier zunächst alle Lösungen ein!

____

____

Sortiere sie jetzt nach der Größe. Beginne mit der kleinsten Zahl!

____

____

Alles richtig?
Nun darfst du malen!

Lösungszahlen:
1 393, 1 609, 1 693, 15 579
20 832, 30 492, 53 880, 57 222

Eine kleine Pause hat sich Pfiff jetzt verdient. Du sicher auch. Aber so ganz ohne Rechnen geht es eben doch nicht.
Hier haben Pfiffs Freunde alle ein Zahlenrätsel mitgebracht.

Fidibus' Zahl ist die Hälfte von 500 000. Wie heißt sie?

Mollis Zahl ist das Doppelte von 170 000. Wie heißt sie wohl?

Kathrins Zahl erhältst du, wenn du weißt, wie viel der vierte Teil von einer Million ist.

Pfiff macht es schwer: „Meine Zahl ist die Hälfte von 400 000 verringert um die Hälfte von 100 000. Na, wie heißt meine Zahl?"

Wenn du alle Rätselzahlen zusammenzählst, lautet das Ergebnis: 990 000

Einführung des schriftlichen Dividierens

Pfiff hat in der Zeitung gelesen, dass eine Tippgemeinschaft 27 904 € gewonnen hat. Die Personen, die zusammen Lotto gespielt hatten, waren zu acht. Pfiff will nun ausrechnen, wie viel Geld jeder Einzelne gewonnen hat.

Er macht es so wie bisher:

27 904 € : 8 =		
24 000 € : 8 =	3 000 €	
3 200 € : 8 =	400 €	
640 € : 8 =	80 €	
64 € : 8 =	+ 8 €	
	3 488 €	

Während Pfiff noch am Rechnen ist, kommt Molli.

Und sie macht es vor:

ZT	T	H	Z	E				ZT	T	H	Z	E
2	7	9	0	4	:	8	=		3	4	8	8
−2	4											
	3	9										
	−3	2										
		7	0									
		−6	4									
			6	4								
			−6	4								
			0	0								

Pfiff merkt: „Das ist ja wirklich viel einfacher!“

Pfiff will es jetzt auch versuchen. Du hilfst ihm sicher. Wenn er es richtig kann, packt Molli auch ihre Überraschung aus.

Mache immer zuerst einen Überschlag. Das heißt: Rechne ungefähr, wie die Lösung lauten kann.

Ein Beispiel:
1 288 : 4 ist ungefähr 300.

1 288 : 4 = 322
1 2
0 08
– 8
0 8
– 8
0

Jetzt deine Aufgaben:
Nimm dir am besten ein Extrablatt, auf dem du rechnen kannst.

1.) 2 576 : 8 = ______ **N**
Überschlag: 2 400 : 8 = 300

7 824 : 2 = ______ **C**
Überschlag: ______ : 2 = ______

9 360 : 8 = ______ **S**
Überschlag: ______ : __ = ______

17 760 : 8 = ______ **U**
Überschlag: ______ : __ = ______

30 330 : 5 = ______ **N**
Überschlag: ______ : __ = ______

2.) 9 756 : 9 = ______ **U**
Überschlag: 9000 : 9 = 1 000

6 426 : 3 = ______ **K**
Überschlag: ______ : __ = ______

18 018 : 3 = ______ **E**
Überschlag: ______ : __ = ______

30 828 : 7 = ______ **H**
Überschlag: ______ : __ = ______

10 818 : 9 = ______ **S**
Überschlag: ______ : __ = ______

Ordne die Ergebnisse der Größe nach und notiere die Kennbuchstaben!

Molli hat __ __ __ __ __ __ __ __ __ __ in ihrem Korb.

Pfiff darf sich jetzt an Mollis Mitbringsel stärken. Er ist auch ganz schön geschafft. Doch nun kann er das schriftliche Dividieren schon etwas besser.

Er geht mit Molli in den Garten.

Pflücke mit Pfiff und Molli die Äpfel, indem du die „Apfelzahlen“ zuerst durch 4 und dann durch 6 teilst. Die Ergebnisse siehst du hier, wie so oft leider etwas durcheinander.

Da haben die beiden aber viele Äpfel gepflückt!
Das wollen sie jetzt auch mit den Birnen tun.

Du hilfst ihnen sicher.

Jetzt habt ihr – Pfiff, Molli und du – aber genug Obst. Oder?

Fidibus hat sich dazugesellt. Er kann das natürlich schon lange! So sagt er jedenfalls. Na ja, Zauberer sind ja auch meistens schon uralt.

Er hat deshalb auch ein Rätsel für die beiden hergezaubert.

Hier ist meine Zauberzahl.
Sie heißt 32 100.

Dividiere sie durch 5,
das Ergebnis durch 4
und dann wieder durch 5.

Was fällt dir auf?

Mir ist aufgefallen,

dass __________ herauskommt.

Das ist der __________________ Teil der Startzahl.

Und 4 · 5 · 5 ist ja auch ________.

Jetzt wollen Pfiff und Molli es genau wissen. Ist das immer so?

Sie prüfen es bei zwei weiteren Zahlen nach.

Fidibus gibt ihnen die Zahlen:

66 000 und **75 000**

Schau hinten nach, was Molli und Pfiff herausgefunden haben!

Pfiff kann jetzt schon toll dividieren.

„Wenn man es richtig kann, dann macht es auch Spaß“, findet er. Deshalb übt er gleich noch ein bisschen weiter mit dir.

Dividiere die Zahl **90 720** nacheinander durch alle Zahlen von **2** bis **9**!

Wenn du die Zahlen der Größe nach ordnest (beginne mit der kleinsten), kannst du erfahren, was Pfiff gleich mit Molli spielen wird.

18 144 (R), 22 680 (B), 45 360 (L), 15 120 (E)
11 340 (E), 12 960 (D), 30 240 (A), 10 080 (F)

Pfiff und Molli spielen _ _ _ _ _ _ _ _ L.

Nach ein paar Runden Federball ist Pfiff ganz schön müde. Wohin er danach geht, siehst du, wenn du zu den nächsten Aufgaben die Lösungsfelder unten ausmalst.

Manchmal bleibt beim Dividieren ein Rest. Pfiff hat ein Beispiel für dich:

46 843 : 3 = 15 614 R 1
3
16
15
  18
  18
    04
      3
      13
      12
        1

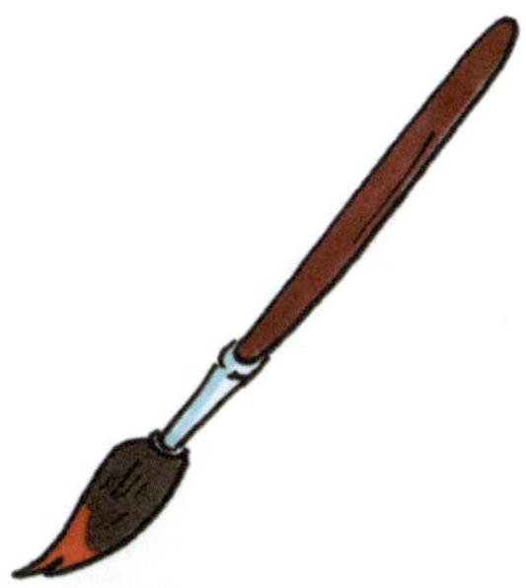

Rechne die folgenden Aufgaben auf einem Extrablatt und male die Lösungsfelder aus!

26 141 : 6 = ____________

52 326 : 8 = ____________

20 000 : 7 = ____________

21 047 : 4 = ____________

64 759 : 8 = ____________

64 084 : 6 = ____________

40 000 : 7 = ____________

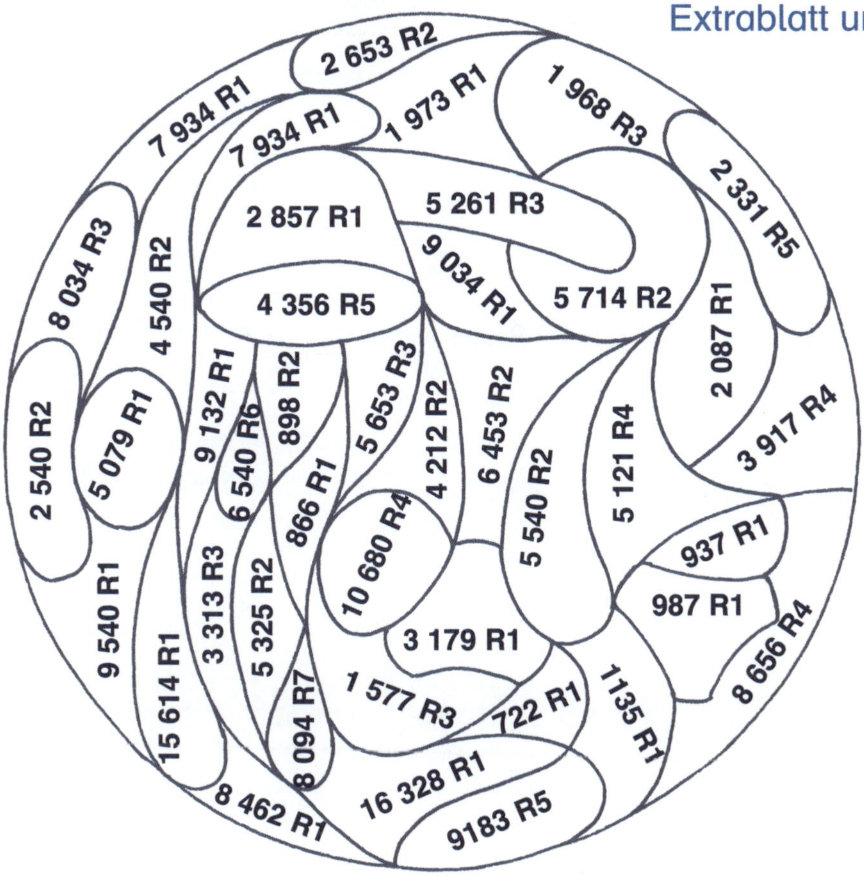

Frisch geduscht möchte Pfiff noch einmal dividieren. Dann gönnt er sich ... ja, was denn wohl?
Das erfährst du, wenn du schnell die nächsten Aufgaben löst.

Dividiere 98 384 durch alle Zahlen von 5 bis 9. Du erhältst immer den gleichen Rest. Wenn du die Zahlen der Größe nach ordnest (beginne bei der kleinsten Zahl) und die entsprechenden Kennbuchstaben aufschreibst, erfährst du, womit Pfiff sich stärkt.

98 384 : 5 = __________ O

98 384 : 7 = __________ K

98 384 : 6 = __________ A

98 384 : 8 = __________ A

98 384 : 9 = __________ K

Pfiff trinkt eine Tasse _ _ _ _ _.

Jetzt gibt es erst mal eine kleine Pause mit dem Dividieren. Die hat Pfiff sich verdient.

Fidibus hat ihm ein Zauberquadrat geschenkt.

368		
		380
388		

Es ist aus der Hundertertafel.
Ergänze zuerst die fehlenden Zahlen!
Addiere die drei Zahlen auf einer Linie!

Teile die Summen durch 3.
Was fällt dir auf?

Das Ergebnis ist immer die mittlere Zahl.

Multiplizieren mit mehrstelligen Zahlen

So, jetzt hat Pfiff genug dividiert. Er hat keine Lust mehr. Viel lieber will er wieder malnehmen.

Bevor er mit den schwierigen Aufgaben anfängt, muss er zuerst einmal die einfachen wiederholen.
Wenn du die drei Ergebnisse eines Päckchens zusammenzählst, erhältst du die Zahl 100 000.

1.)
5 250 · 8 = ________
3 205 · 9 = + ________
5 831 · 5 = + ________

2.)
10 900 · 3 = ________
23 809 · 2 = + ________
19 682 · 1 = + ________

3.)
3 507 · 6 = ________
8 008 · 9 = + ________
3 443 · 2 = + ________

Hier ist Platz zum Rechnen:

Pfiff hat Mollis Heft gefunden.

Er kontrolliert, ob sie richtig gerechnet hat. Du hilfst ihm sicher gerne dabei. Oder? Versuche, durch den Überschlag herauszufinden, welche Aufgaben falsch sind. Kreuze an:
r = richtig / f = falsch.
Rechne dann richtig!

1. r f

817 · 4 = 2 668 ___ ___

919 · 3 = 2 457 ___ ___

523 · 7 = 3 661 ___ ___

Die falschen Aufgaben lauten richtig:

2. r f

4 109 · 6 = 23 654 ___ ___

2 057 · 9 = 16 513 ___ ___

5 124 · 5 = 25 620 ___ ___

Die falschen Aufgaben lauten richtig:

3. r f

3 892 · 4 = 15 568 ___ ___

5 894 · 3 = 19 682 ___ ___

2 957 · 2 = 6 014 ___ ___

Die falschen Aufgaben lauten richtig:

Ob du richtig korrigiert hast, erfährst du im Anhang.

Tom hat für das Sommerfest drei Kisten Mineralwasser gekauft.
1 Kiste kostet 4,32 €.

Tom bittet Pfiff zu überschlagen, wie viel das Mineralwasser kostet.

Pfiff rechnet so:
Ungefähr 4 € mal 3 sind ungefähr 12 €.

Tom will es genau wissen und rechnet so:

4,32 € • 3 = 432 ct • 3 — 1. Schritt: umwandeln in ct
432 ct • 3 = 1296 ct — 2. Schritt: malnehmen

1296 ct = 12,96 € — 3. Schritt: Umwandeln in €

Es geht auch so:

4,32 € • 3 — 1. Schritt: Kommazahl malnehmen
12,96 € — 2. Schritt: von rechts 2 Kommastellen eintragen

Pfiff weiß jetzt, wie man Kommazahlen multipliziert.

Du auch?

Pfiff will jetzt auch probieren, Kommazahlen schriftlich zu multiplizieren. Er hat ja, wie du gesehen hast, zwei mögliche Wege.

Wähle auch du einen Weg aus und rechne die folgenden Aufgaben! Überschlage erst und rechne dann genau!

Wenn du die Zahlen den Kennbuchstaben zuordnest, erfährst du, von was Tom auch drei Kisten kauft.

3,69 € • 4 O	9,99 € • 3 S	0,35 € • 6 S
______	______	______
0,89 € • 4 C	4,35 € • 3 O	6,09 € • 4 K
______	______	______
7,15 € • 4 S	5,13 € • 6 E	3,07 € • 8 Ü
______	______	______
2,02 € • 7 K	0,72 € • 8 H	
______	______	

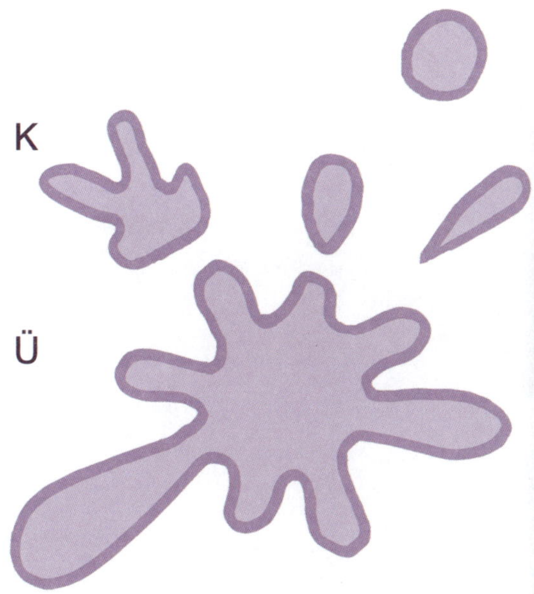

Ordne die Ergebnisse nach der Größe und schreibe dazu der Reihe nach die Lösungsbuchstaben auf! Beginne mit dem kleinsten Betrag!

Hier kannst du zuerst deine Ergebnisse ordnen: ______________________

____

In den anderen kleinen Kisten sind _ _ _ _ _ _ _ _ _ _ _ .

Jetzt aber genug mit den Kommazahlen!

Pfiff will endlich lernen, wie man mit mehrstelligen Zahlen malnimmt. Das kann doch nicht so schwer sein! Kathrin Katze will es ihm zeigen. Zuerst nimmt sie ganz einfache Aufgaben.

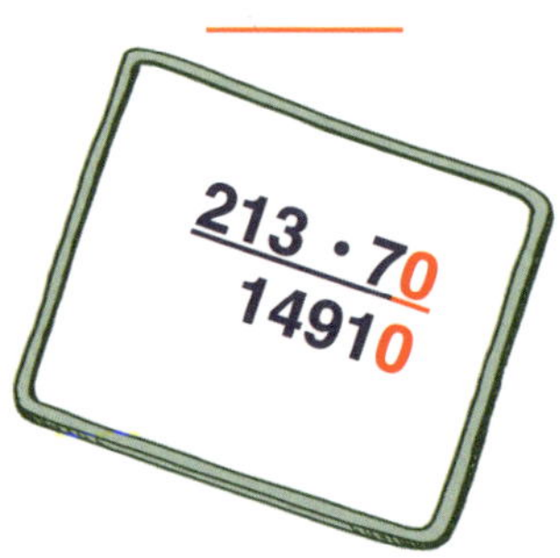

Das will Pfiff jetzt ausprobieren. Du sicher auch!

381 · 50	530 · 40	627 · 80
______	______	______
326 · 300	87 · 600	158 · 500
______	______	______

Hier die Lösungen:

97 800, 79 000, 19 050
52 200, 21 200, 50 160

Von der Sorte möchte Pfiff gerne noch mehr Aufgaben lösen. Hilfst du ihm?

Zur Belohnung hast du unten ein Ausmalbild, das dir zeigt, wie es auf Toms Gartenfest zugeht.

654 • 30 ______ 988 • 60 ______ 455 • 90 ______

578 • 400 ______ 789 • 600 ______ 234 • 700 ______

3 456 • 4 000 ______ 6 789 • 7 000 ______ 5 467 • 3 000 ______

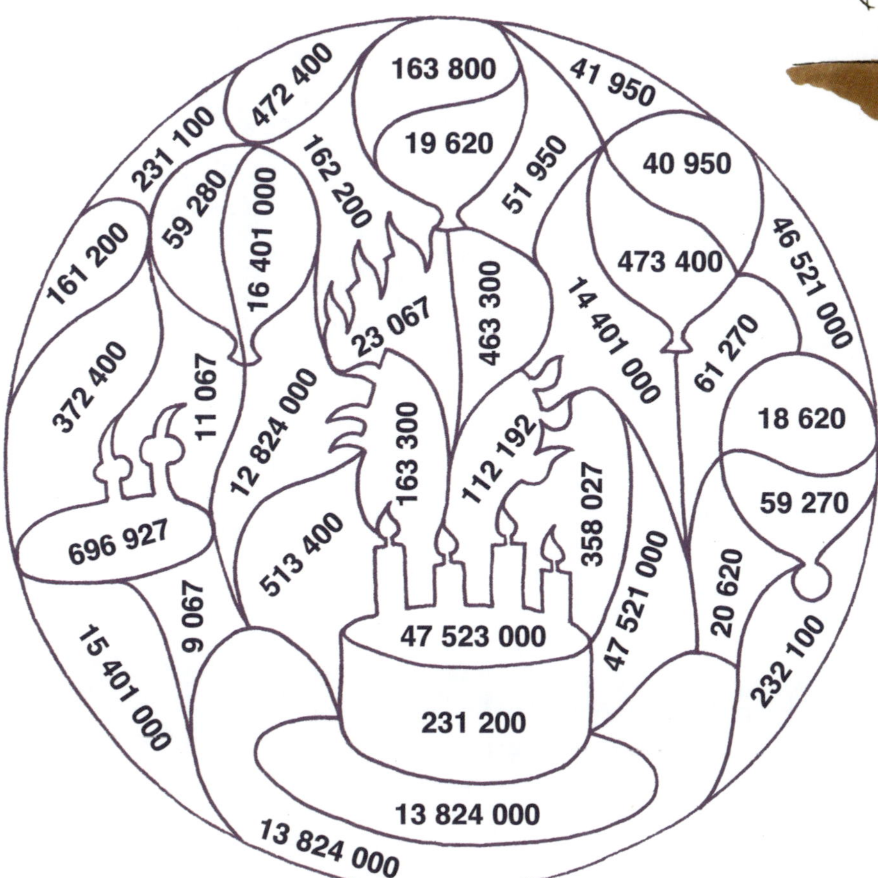

Uff! Das waren vielleicht große Zahlen! Und doch war es ganz einfach zu rechnen. Jetzt wird es aber etwas schwieriger. Pfiff lernt, mit zweistelligen Zahlen zu multiplizieren. Aber die zweite Zahl ist jetzt keine Null. Dieses Mal erklärt Tom Pfiff, wie es geht.

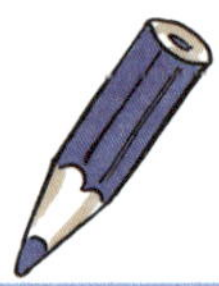

Hast du es verstanden?
Dann probiere jetzt aus, ob du das auch kannst!
Rechne immer zuerst den Überschlag!

151 · 66 Überschlag: 150 · 70 = 10 500

906
906
9966

391 · 23 Überschlag: ______________________

234 · 87 Überschlag: ______________________

555 · 91 Überschlag: ______________________

Lösungen: 50 505, 20 358, 8 993

So, jetzt wird noch einmal richtig geübt.
Wo Pfiff danach hingeht, erfährst du,
wenn du richtig gerechnet hast.
Dann gibt es nämlich ein Punktebild.
Verbinde die Punkte der Größe nach!

444 • 44   613 • 25   215 • 28   123 • 66

676 • 45   134 • 23   787 • 56   234 • 33

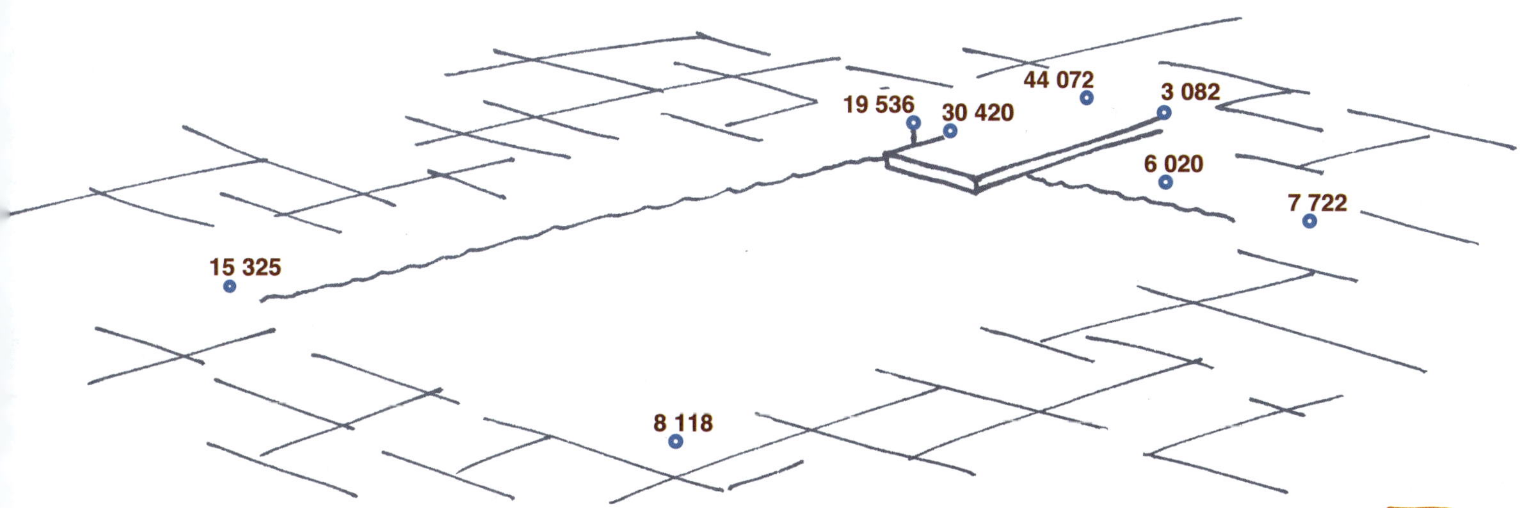

Sachaufgaben

1 Jahr hat 52 Wochen.

1 Woche hat 7 Tage.

1 Jahr hat 12 Monate.

1 Jahr hat 365 Tage.

1 Monat hat 30 Tage oder 31 Tage, der Februar hat nur 28.

Pfiff ist 9 Jahre alt:

Das sind: ________ **Monate**

________ **Wochen**

________ **Tage**

Wie viele Jahre, Monate, Wochen und Tage bist du denn alt?
Tipp: Beachte beim Rechnen die Schaltjahre!

Ich bin ______ **Jahre,** ______ **Monate,**

______ **Wochen und** ______ **Tage alt.**

Das war nicht so schwierig, oder? Pfiff will es aber genau wissen.

1 Stunde hat 60 Minuten.

1 Minute hat 60 Sekunden.

1 Tag hat 24 Stunden.

Pfiff ist also **3 285 Tage** alt.
Hört sich ja nach ganz, ganz viel an!

Kannst du denn auch ausrechnen, wie viele Stunden, Minuten und Sekunden er alt ist?
(Jetzt im Moment natürlich, denn das verändert sich ja ständig!)

Pfiff ist ______________ Stunden,

______________ Minuten,

______________ Sekunden alt.

Hier hast du Platz zum Rechnen:

Deine „riesigen" Lösungszahlen kannst du hinten vergleichen.

Pfiff kümmert sich nun mehr um die Zeit, mit der man alltäglich so viel zu tun hat.

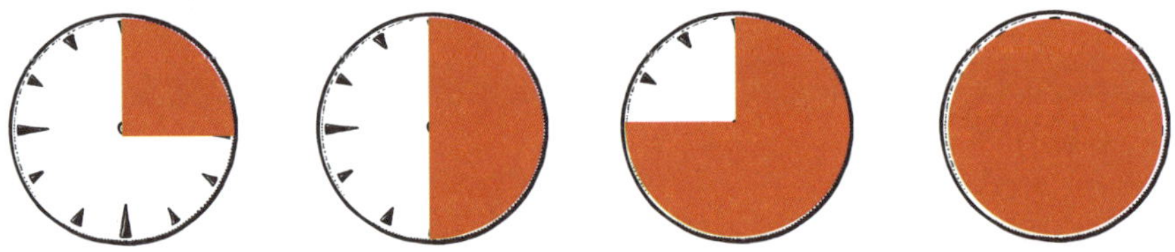

Wie viele Minuten sind es?

1. $\frac{1}{2}$ h = ______ min $\qquad$ $\frac{3}{4}$ h = ______ min

$1\frac{1}{2}$ h = ______ min $\qquad$ $3\frac{1}{4}$ h = ______ min

$4\frac{3}{4}$ h = ______ min $\qquad$ $5\frac{1}{2}$ h = ______ min

2. $\frac{1}{2}$ h + $\frac{1}{2}$ h = ______ min $\qquad$ $\frac{1}{2}$ h + $\frac{1}{4}$ h = ______ min

$\frac{3}{4}$ h + $\frac{1}{2}$ h = ______ min $\qquad$ $1\frac{3}{4}$ h + $1\frac{1}{2}$ h = ______ min

Die Lösungen findest du hier:
60 min, 195 min, 30 min, 285 min, 330 min
45 min, 75 min, 90 min, 45 min, 195 min

1 Minute hat 60 Sekunden.

1 min = 60 s

Ergänze immer zu einer Minute!

20 s + ___ s = 1 min (O)

30 s + ___ s = 1 min (S)

51 s + ___ s = 1 min (F)

43 s + ___ s = 1 min (P)

Wie viele Minuten und Sekunden sind es?

140 s = ____ min ____ s (R)

185 s = ____ min ____ s (S)

103 s = ____ min ____ s (E)

280 s = ____ min ____ s (T)

193 s = ____ min ____ s (T)

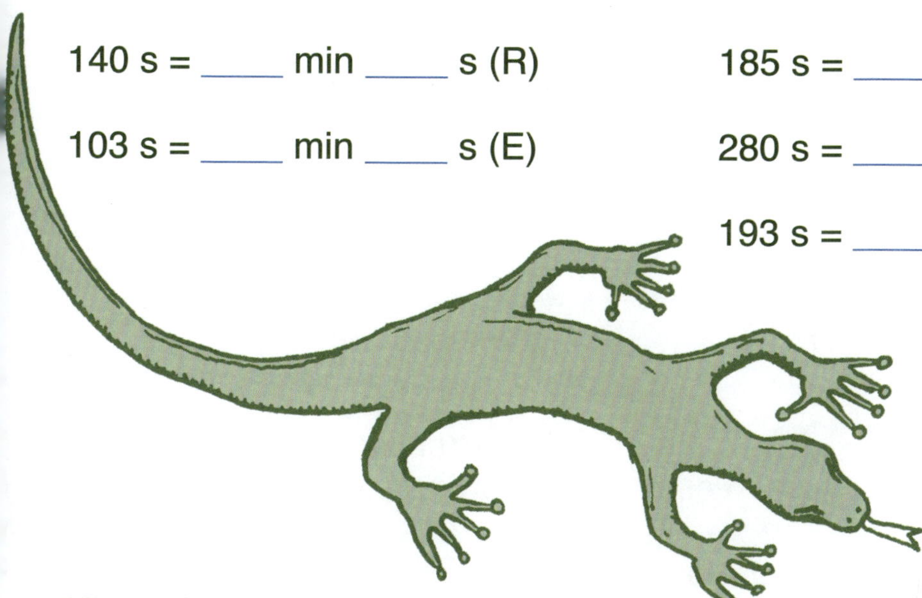

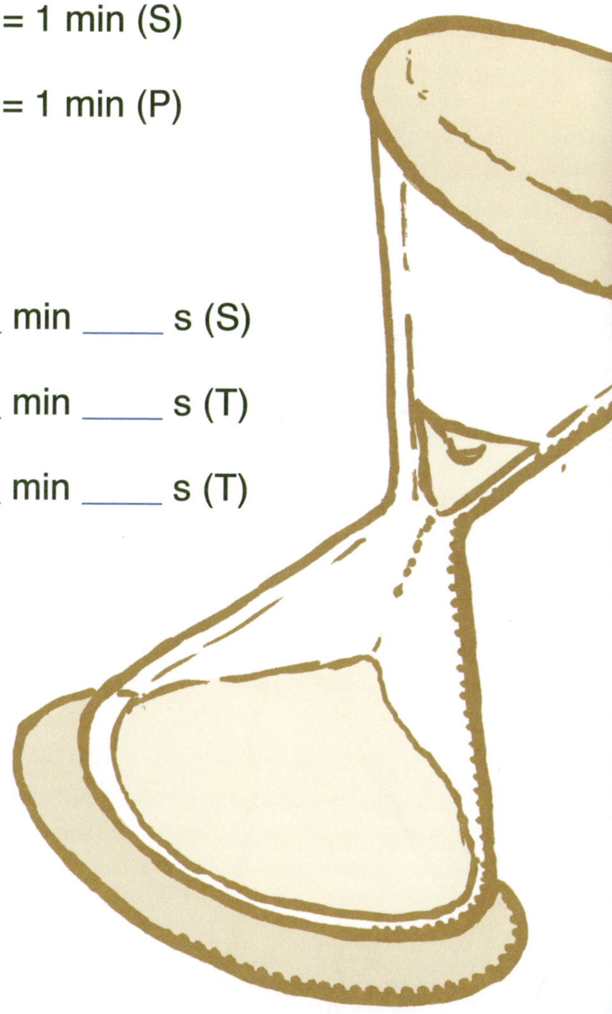

Hier erfährst du, wo Pfiff eiligst hinwill.

Er möchte zum

___	___	___	___	___	___	___	___	___.
3 min 5 s	**17 s**	**40 s**	**2 min 20 s**	**3 min 13 s**	**9 s**	**1 min 43 s**	**30 s**	**4 min 40 s**

Und da ist Pfiff jetzt auch: beim Sportfest. Wie du dir denken kannst, macht er da gerne mit.

Aber Pfiff hat vorher noch im Buch der Rekorde geblättert. Da war zu lesen:

Strecken, die in einer **Sekunde** zurückgelegt werden:

Rennauto (bei Test):	183 m	(________ m in der Minute)
Schwalbe:	80 m	(________ m in der Minute)
Auto auf der Autobahn:	35 m	(________ m in der Minute)
Rennpferd beim Rennen:	16 m	(________ m in der Minute)
schneller Läufer:	10 m	(________ m in der Minute)

Berechne die Länge der Strecken, die in einer **Minute** zurückgelegt wurden!

Hier die Lösungen:
960 m, 10 980 m (10 km 980 m), 600 m
2100 m (2 km 100 m), 4 800 m (4 km 800 m)

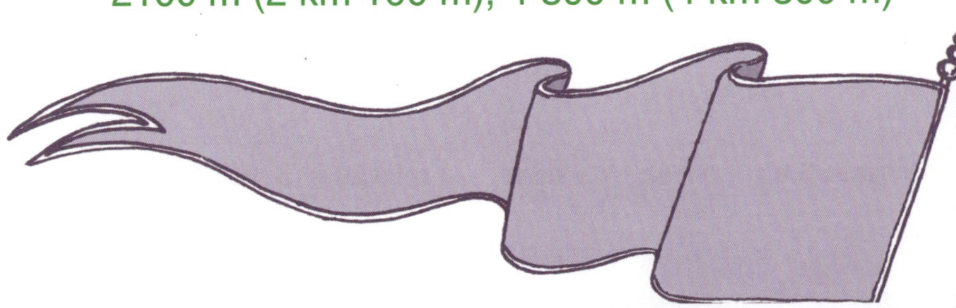

Das Sportfest ist spannend.

Sie laufen 50 m. Molli läuft sie in 9,8 s.
Kathrin kommt 1,6 s später an.

Frage: Wie lange hat Kathrin gebraucht?

Rechnung: ______________________________

Antwort: Kathrin braucht ____________________ .

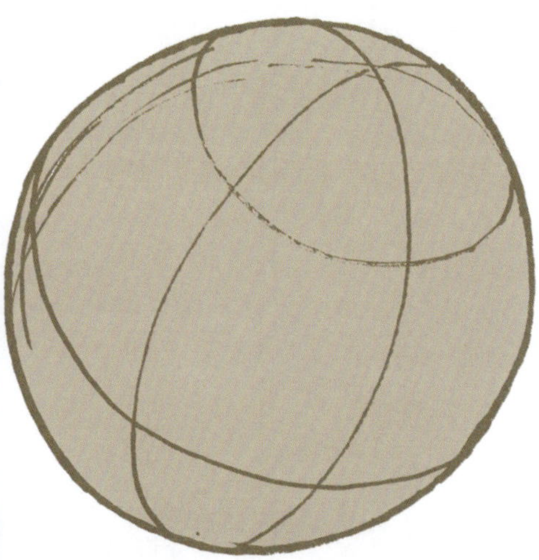

Pfiff läuft gegen Fidibus und Tom.
Sie laufen die 100 m. Pfiff ist nach
14,5 s im Ziel. Tom braucht 14,7 s
und Fidibus ist erst nach 15,5 s im Ziel.

Frage: Wie viele Sekunden ist Pfiff schneller als Fidibus?

Rechnung: ____________________________________

Antwort: Pfiff ist ________________________________.

Das Sportfest ist noch nicht zu Ende. Denn nun ist der Staffellauf dran.

Es sind 4 • 200 m.
Pfiff braucht 31 s.
Molli läuft ihre Strecke in 33 s,
Kathrin in 35 s
und Fidibus in 40 s.

Frage: Wie viele Minuten und Sekunden brauchen die vier insgesamt?

Rechnung: ______________________________

____

Antwort: Alle zusammen ______________________________ .

Die letzte Disziplin ist der 1000-m-Lauf.
Pfiff läuft – sportlich wie er ist – natürlich mit.
Nach 500 m beträgt seine Zeit 2 min und 7 s.

Frage: Wann ist Pfiff am Ziel, wenn er sein Tempo bis zum Ende halten kann?

Rechnung: ______________________________

____

Antwort: Pfiff ist nach ______________________________ im Ziel.

Wortlehre

Pfiff weiß schon:
Tunwörter (oder Verben) können in verschiedenen Personen stehen. Die Grundform verändert sich dann.

Hier ein Beispiel:
rennen – Molli rennt, ich renne, du rennst.
renn ist der Wortstamm. Daran kommen je nach Person verschiedene Endungen.

Hier hat Pfiff eine lustige Geschichte für dich. Lies sie zuerst durch. Schreibe dann die Verben in der richtigen Form in die Lücken. Bedenke, dass die Geschichte in der Vergangenheit spielen soll.

Die rote Kuh

Ein Mann __________ eine Kuh.
haben
Da ___________ es ihm eines Tages in den Sinn, die Kuh rot anzustreichen.
kommen
Ohren und Beine ___________ er grün. Als er mit der roten Kuh durch
färben
die Stadt ___________, ______________ alle Leute aus den Häusern.
ziehen, rennen
Das Essen auf den Herden _____________ ____, kleine Kinder __________
anbrennen, werden
nicht angezogen, denn jeder ___________ die rote Kuh sehen.
wollen
Alle ____________: „Wie wunderschön, wie ungewöhnlich, eine rote Kuh!“
rufen
Auch am nächsten Tag _____________ die Menschen noch zusammen,
laufen
wo immer sich die rote Kuh sehen ____________. Aber schon am
lassen
übernächsten Tag _____________ sich niemand mehr nach der roten Kuh um.
drehen

Kathrin Katze hat Pfiff einen Brief geschrieben.

Sie ist für zwei Wochen bei ihrer Oma im Urlaub.
Unterstreiche in Kathrins Brief alle Tunwörter!

Lieber Pfiff,

hier bei meiner Oma gefällt es mir sehr gut. Das Wetter ist super und ich unternehme viel. Wenn ich morgens ausgeschlafen habe, frühstücke ich erst einmal sehr lange mit Oma. Sie macht mir immer die leckersten Sachen.
Vorgestern besuchte ich auf dem Bauernhof Omas Freunde. Dort gab es vielleicht viele Tiere zu sehen! Am niedlichsten fand ich die kleinen Ferkel. Ich lachte mich fast tot, als sie auf ihren kleinen Beinchen über den Hof rannten. Aber auch die Kaninchen fand ich gut, sie ließen sich ganz lange von mir streicheln.
Morgen werden wir zusammen in die Berge fahren. Dort werden wir mit der Seilbahn hoch auf den Berg fahren und oben werden wir wandern.
Wir werden in einer Almhütte zu Mittag essen und dann werden wir wieder herunterfahren. Das wird sicher toll!

Liebe Grüße
schickt dir deine Kathrin.

Hast du gemerkt, dass die Tunwörter (man nennt sie ja auch manchmal Zeitwörter) in verschiedenen Zeiten stehen?

Einmal berichtet Kathrin von der **Gegenwart.**

Dann erzählt sie in der **Vergangenheit.**

Schließlich macht sie einen Ausblick in die **Zukunft.**

Pfiff will sich das gut merken.

Wenn etwas jetzt geschieht – also in der Gegenwart –, steht auch das Verb (Tunwort) in der Gegenwartsform.

ich gehe, er läuft, wir spielen

Wenn etwas schon geschehen oder vorbei ist – also Vergangenheit –, steht das Verb (Tunwort) in einer Vergangenheitsform.

ich ging, er lief, wir spielten
oder auch:
ich bin gegangen, er ist gelaufen, wir haben gespielt

Wenn etwas noch geschehen wird – also in der Zukunft –, steht das Verb (Tunwort) in der Zukunftsform.

ich werde gehen, er wird laufen, wir werden spielen

Unterstreiche die folgenden Verbformen mit drei verschiedenen Farben:
Rot für Gegenwart, Grün für Vergangenheit, Blau für Zukunft.

ich lief, ich bin geschwommen, ich werde verreisen, ich male, du wirst spielen, du hast gerufen, wir tanzten, wir lachen, er purzelt, er kochte, er hat getrunken, er wird wegfahren, wir springen, wir sind gerannt, wir warfen, wir werden feiern, ihr seid gewandert, ihr schreibt, ihr habt gerechnet, ihr werdet lernen, sie lärmen, sie sind gerudert, sie werden segeln, sie schwammen

Schau im Anhang nach, ob du richtig unterschieden hast!

Na, hat das gut geklappt?
Pfiff hat wieder in seinen Büchern geblättert. Dabei hat er einen kleinen Text über Burgen gefunden. Das interessiert ihn sehr.

Natürlich steht der Text in der **Vergangenheitsform**.

Burgen

Im Jahre 1200, also zu Beginn des Mittelalters, gab es in Deutschland fast 10 000 Burgen. Im Mittelpunkt einer Burganlage stand ein ganz besonderer Turm. Man nannte ihn „Bergfried“. Das kommt von dem alten Wort „vride“, das „Schutz“ bedeutet. Dieser Turm diente als letzte Zuflucht, wenn Angreifer kamen und die Mauern überrannten. Am großen Burgtor gab es auch noch Türme. So konnte man überwachen, wer sich der Burg näherte. Die Burg nutzte der Burgherr als Wohnung und sie schützte die Menschen, die in ihr lebten. Viele Menschen arbeiteten für das Wohl des Burgherrn in der Burganlage. Außerhalb der Burg bewohnten die Bauern die Höfe, die genauso wie die Felder, die sie bearbeiteten, dem Burgherrn gehörten. Von allem, was die Bauern auf den Feldern erwirtschafteten, und von ihrem Vieh mussten sie dem Burgherrn einen Teil abgeben.

Unterstreiche alle Tunwörter, die in der Vergangenheitsform stehen! Trage sie auf der nächsten Seite in die Tabelle ein!

Hier deine Tabelle:
Trage die Tunwörter in der **Vergangenheitsform** ein
und daneben in der **Gegenwartsform**!

Tunwort in der Vergangenheit	Tunwort in der Gegenwart
es gab	es gibt
er stand	er

Pfiff möchte sich jetzt mit den Namenwörtern beschäftigen. **Namenwörter können in vier Fällen auftreten.** Du musst nur richtig danach fragen. Aber schau selbst! Schreibe die Geschichte auf ein Extrablatt und setze die richtigen Wörter ein!

Der Löwe und die Maus

 hielt unter vielen dichten Büschen seinen Mittagsschlaf.  suchte einen kürzeren Weg und lief  über die Nase.  wachte auf, sah  und hielt sie mit seiner großen Pranke fest.
 jammerte und bat  um Gnade.
Da schenkte ihr  die Freiheit. Froh rannte  davon.
Kurze Zeit später hörte man das schreckliche Gebrüll . Er hatte sich im Netz des Jägers verfangen und kam nicht mehr frei.
Schnell lief  herbei, knabberte am Netz und befreite . So hatte   sein Leben zu verdanken.

der Löwe
die Maus
dem Löwen
der Löwe
die Maus
die Maus
den Löwen
der Löwe
die Maus
des Löwen
die Maus
den Löwen
der Löwe
der Maus

Pfiff hat schon etwas gemerkt:
Namenwörter können in vier Fällen stehen.
Man muss nur danach fragen, dann findet man es heraus.

Der 1. Fall ist der Wer-Fall.
Der 2. Fall ist der Wessen-Fall.
Der 3. Fall ist der Wem-Fall.
Der 4. Fall ist der Wen-Fall.

Vor allem Wem- und Wen- Fall lassen sich manchmal schwer unterscheiden. Man muss bei den Begleitern ganz deutlich auf das „-m“ oder „-n“ achten.

Wenn du in den Sätzen auf der folgenden Seite nach der freien Stelle fragst, weißt du gleich, wie die richtige Form von „der Hund“ heißt, die du einsetzen musst.

Spaziergang mit dem Hund

Frage: Mit wem geht Marika spazieren?

Marika geht mit dem Hund spazieren.

Sie nimmt _______ ___________ natürlich an die Leine.

_______ ___________ bellt froh und möchte am liebsten gleich davonrennen.

Da reißt er sich auch schon los. _______ ___________ ist gleich um die nächste Ecke verschwunden.

Marika rennt _______ ___________ sofort nach.

Da hört sie ihn auch schon jaulen.

Die Leine _______ ___________ hat sich um seine Beine gewickelt.

Marika kommt _______ ___________ schnell zu Hilfe.

Jetzt kann ein gemütlicher Spaziergang beginnen.

Das Namenwort Hund kommt gleich mehrmals vor.
Einmal heißt es auch Hundes. Sonst verändern sich nur die Begleiter.

Pfiff weiß jetzt, dass Namenwörter in verschiedenen Fällen stehen können. Man fragt am besten danach.

Ob du alles richtig eingetragen hast, kannst du hinten nachlesen.

Pfiff weiß ja schon viel über Namenwörter:

Namenwörter schreibt man groß.
Man kann sie in die vier Fälle setzen.
Viele haben gleiche Wortbausteine.
Dafür hat Pfiff dir ein Domino mitgebracht.

Male mit gleichen Farben immer das aus, was zusammengehört!

Pfiff hat etwas gemerkt.

Die Namenwörter auf der vorhergehenden Seite hatten alle ein „-ung“ am Ende und sie wurden aus einem Tunwort gebildet.

Aber nicht nur „-ung“ ist ein solcher Wortbaustein.

Weitere Wortbausteine sind:

faul
flüssig
gesund
sauber
krank
übel

-ung -nis -heit -keit

ergeben
heizen
frei
erzählen
wohnen
erlauben
aufregen
entschuldigen

Mit diesen Bausteinen kannst du aus Tunwörtern und Wiewörtern verschiedene Namenwörter machen.

Verbinde, was zusammengehören kann, und schreibe die Wörter auf der nächsten Seite auf!

Das macht viel Spaß, findet Pfiff jedenfalls.
Er hat das mit den Bausteinen verstanden.
Jetzt sortiert er die einzelnen Wörter nach
ihren Bausteinen in die Häuser ein.

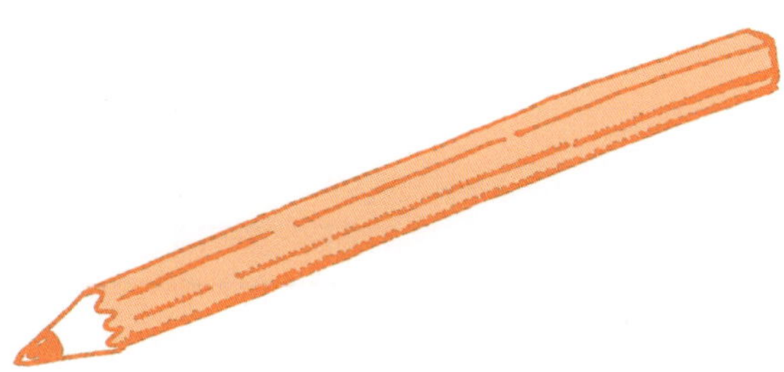

Pfiff möchte ein kleines Spiel mit dir machen.

Er hat viele Wörter entdeckt, die aus zwei Namenwörtern bestehen. Hier sind sie:

Handgabel
Taschenlöffel
Autotreppe
Gartenschuh
Astbein
Stuhlschere
Pudelhahn
Holzmesser
Wassermütze
Suppenschlange

Kannst du hier die zusammengesetzten Namenwörter richtig hinschreiben?

Manchmal, so weiß Pfiff, sind die Namenwörter auch aus einem Tunwort und einem Namenwort zusammengesetzt.

Er hat dir witzige Bilder gemalt:

Kannst du die Begriffe erkennen?
Wenn nicht, dann helfen dir vielleicht die Tunwörter, die verwendet wurden:

gehen, fahren, laufen, kratzen, falten, ziehen

Schreibe die zusammengesetzten Namenwörter zu dem entsprechenden Bild!

Wenn du nicht klarkommst, darfst du im Anhang nachschauen.

Hier hast du noch einmal Gelegenheit, die richtigen Namenwörter an die richtige Stelle zu setzen.

Ein sehr hohes Hochhaus nennt man

auch _ _ _ _ _ _ _ _ _ _ _ _ _.
2

Der _ _ _ _ _ _ _ _ _ _ _ _ _ _ ist ein schöner, gelber Schmetterling.
3 8 1

Mit dem _ _ _ _ _ _ _ _ _ _ _ _ öffnet man eine Weinflasche.
5 7

Der alte Mann benutzt einen _ _ _ _ _ _ _ _ .
4 10

Mit richtigen _ _ _ _ _ _ _ _ _ _ _ schont der Sportler seine Gelenke.
9 6 8

Den Führerschein mache ich in der _ _ _ _ _ _ _ _ _ _ .
13 11 12

Du bist ein wahrer _ _ _ _ _ _ _ _ _ _ _ _ _!
1 2 3 4 5 6 7 8 9 10 11 12 13

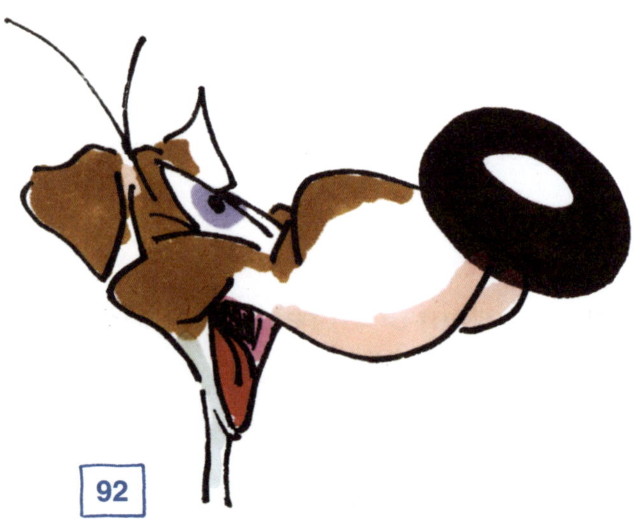

Wiewörter werden auch Adjektive genannt und sagen uns, wie die Dinge sind.

Aber das weißt du ja schon. Sie können uns zum Beispiel auch etwas über Gefühle sagen.

Was glaubst du, wie Pfiff ist?

Er ist f r ö _ l _ c h. Genau!
Es gibt sehr viele solcher Wiewörter. Versuche herauszufinden, welche Wiewörter in den folgenden Sätzen gemeint sind:

Pfiff ist alleine zu Hause, _ _ _ _ _ _ _ _ _ schaut er in alle Ecken. Zum ersten Mal war Pfiff so _ _ _ _ _, vom Drei-Meter-Turm zu springen. An seinem Geburtstag war er sehr _ _ _ _ _ _ _ _ _ über die vielen Geschenke. Wenn er niemanden zum Spielen hat, fühlt er sich manchmal sehr _ _ _ _ _ _. Auf seiner Geburtstagsfeier ist es sehr _ _ _ _ _ _ zugegangen. Wenn jemand böse zu ihm ist, kann er sehr _ _ _ _ _ _ werden.

zornig / lustig / einsam / mutig / ängstlich / glücklich

Kennst du diese Gefühle auch?

Wiewörter können uns aber auch sagen, wie Dinge aussehen.

Pfiff betrachtet die Wiese.

Die Wiese sieht saftig _ _ _ _ aus und die Blumen leuchten _ _ _ _ in der Sonne.

Du hast es schon erkannt, alle Farben sind auch Wiewörter.

Die Farben sind manchmal auch etwas komplizierter. Dann sind sie mit einem Namenwort zusammengesetzt. Dennoch werden die Wiewörter weiter kleingeschrieben. Versuche, aus den folgenden Wortkarten Farb-Wiewörter zusammenzusetzen!

rot · weiß · Gras · Kastanien · schwarz · Schnee · schwarz · Meer · Honig · gelb · Pech · gelb · Nacht · Zitronen · Feuer · grün · braun · rot · Blut · blau

Na, hast du zehn Farben-Wiewörter gefunden?
Hier kannst du sie aufschreiben:

zitronengelb

Im Kapitel mit den Namenwörtern hast du schon erfahren, dass aus Wiewörtern manchmal Namenwörter werden. Pfiff hat jetzt herausgefunden, dass manchmal aus Namenwörtern auch Wiewörter werden können.

Schreibe unter die Blume das entsprechende Wiewort!
Aufgepasst: Kleinschreiben! Benutze Endungen wie **-ig, -lich** oder **-end!**

Freude | Mut | Trauer | Wut | Feier

Abenteuer | Zorn | Lust | Freund | Schreck

Setze nun zusammen mit Pfiff die passenden Wiewörter in die Sätze ein!

Freude, Mut, Trauer, Schreck, Wut, Zorn, Lust, Freund, Abenteuer, Feier, Ruhe

Schlechte Nachrichten machen mich _ _ _ _ _ _ _.
(3)

Wenn man mich ärgert, werde ich _ _ _ _ _ _.

Pfiff weiß viele _ _ _ _ _ _ _ Witze.
(9)

Unser Ausflug in die Berge war _ _ _ _ _ _ _ _ _ _ _ _ _.
(4)

Wenn Pfiff im Spiel verliert, wird er meistens _ _ _ _ _ _.
(2)

Die Hochzeit war richtig _ _ _ _ _ _ _ _ _.
(1)

Das Gewitter heute Nacht war _ _ _ _ _ _ _ _ _ _ _.
(5)

Wenn Pfiff ohne Angst ganz alleine zu Hause ist,

fühlt er sich sehr _ _ _ _ _.
(6)

Pfiff ist immer _ _ _ _ _ _ _ _ _ _ zu anderen.
(7, 11)

Nachts ist es ganz _ _ _ _ _ im Haus.
(8, 12)

Pfiffs Freunde werden stets _ _ _ _ _ _ _ begrüßt.
(10)

Sich so viel zu merken ist ja _ _ _ _ _ _ _ _ _ _ _ _!
1 2 3 4 5 6 7 8 9 10 11 12

Hier noch einmal eine Tabelle, wie du sie schon von den Namenwörtern kennst.

Pfiff hat wieder kräftig gesammelt.

Natürlich gehen nicht immer alle: Manche Felder bleiben leer.

Namenwörter/ Tunwörter	Wiewörter mit den Endungen -bar -lich -los -isch -ig
Furcht	furchtbar
Wolke	
Glück	
hören	
Schuld	
trinken	
Wunder	

Schau hinten im Buch nach, ob du auch alle gefunden hast.

Lies dir Pfiffs Sätze durch!
Das hört sich ja witzig an, oder?

Schreibe die richtigen Wörter darunter!

Der Boxer war **butterweich** und hatte **himmelblaue** Muskeln.

__________ __________

Ich habe Bettwäsche, die ist ganz **riesengroß** mit **blitzschnellen** Blumen drauf.

__________ __________

Meine neuen Schuhe sind **turmhoch**, die alten waren **steinhart.**

__________ __________

Der Baukran gegenüber ist **bleischwer** und **bärenstark.**

__________ __________

Eidechsen rennen **federleicht.**

____

Die Torte war **schneeweiß.**

____

Schau im Anhang nach, ob du richtig liegst.

Jetzt zeigt dir Pfiff noch
sein neues Fahrrad.

JA, DAS IST EIN GANZ
BESONDERES FAHRRAD.

ES HAT EINEN MODERNEN DYNAMO,
EINE GANZ STABILE FEDERUNG,
EINEN SUPERWEICHEN SATTEL,
EINE GENAUE GANGSCHALTUNG,
TOLLE BREITREIFEN,
EINE LAUTE KLINGEL,
GUT FUNKTIONIERENDE BREMSEN
UND EINE MODERNE FARBE.

PFIFF IST BEGEISTERT!

Schreibst du den Text über Pfiffs Fahrrad ab?

Denke daran: Namenwörter groß – Wiewörter klein.
Die Begleiter gehören zum Namenwort.

Den richtigen Text findest du hinten.

Satzlehre

Pfiff ist über das Schulgelände geschlendert und hat am schwarzen Brett ganz besondere Anzeigen gefunden.

Hast du Lust auf einen Chor? Wir singen und spielen dir was vor. Auf geht's!

Willst du genau beobachten? Kannst du Geheimnisse für dich behalten? Dann komm zu uns! Maras Detektivtrio braucht Verstärkung.

Wer Fußball spielt, ist nicht allein. Komm zum FC Niederkassel!

In den Anzeigen, die Pfiff gefunden hat, gibt es verschiedene Satzarten. Kannst du sie voneinander unterscheiden?

Eine einfache Aussage steht im ________________ satz.

Wird etwas gefragt, dann handelt es sich um einen __________ satz.

Ist es gar eine Aufforderung, dann steht sie im _______________ satz.

Unterstreiche die Satzarten in verschiedenen Farben!

Das hat Pfiff gefallen.

Er möchte die Anzeigen umschreiben.
Du hilfst ihm sicher dabei.

Nimm dir die Anzeigen noch einmal vor und schreibe sie um. Mache aus Fragesätzen Aufforderungen, aus Aufforderungen Fragen usw.! Vergiss die Satzzeichen nicht!

Aussagesatz: Punkt .
Fragesatz: Fragezeichen ?
Aufforderungssatz: Ausrufezeichen !

Chor: ______________________________

____

____

Fußball: ______________________________

____

____

Detektive: ______________________________

____

____

„Das ist ja ganz einfach mit den Satzarten“, meint Pfiff.

Wie er es gemacht hat, kannst du hinten sehen.

**Pfiff hat verstanden.
Das ist gar nicht so schwer
mit diesen drei Satzzeichen.
Deshalb gleich noch mal etwas
zum Üben.**

**Setze die entsprechenden
Satzzeichen ein!**

**3 x Punkt
3 x Fragezeichen
4 x Ausrufezeichen**

Hilfe, es brennt ___

Möchtest du einen Pudding haben ___

Dort steht ein Nilpferd vor der Tür ___

Was für ein Regen ___

Pfiff fährt gerne Rad ___

Warum möchtest du nicht spazieren gehen ___

Komm schnell ___

Oh, wie schön warm es heute ist ___

Wann kommst du denn wieder ___

Ich gehe gleich ins Training ___

Pfiff hat Besuch bekommen.
Fidibus ist wieder da.

Und – wie sollte es anders sein – er hat wieder etwas zum Knobeln mitgebracht.

WIESCHÖNEINHERRLICHERFREIERTAGPFIFFUNDMOLLIGEHEN
ZUMSPIELPLATZDORTTREFFENSIEKATHRINUNDTOMENDLICHIST
DASWETTERWIEDERSOGUTDASSSIESPIELENKÖNNENPRIMAOB
NOCHMEHRFREUNDEVORBEIKOMMENDASWÄRETOLL

Kannst du diesen „Bandwurmsatz“ richtig scheiben? Gar nicht so einfach!
Achte auf Groß- und Kleinschreibung und auf die Satzzeichen!

Ob du Fidibus' Knobelei entwirren konntest, siehst du hinten.

Pfiff will die Sätze noch weiter untersuchen.

Jeden Morgen liest Pfiff beim Frühstück in der Küche seine Zeitung.

Das ist ein einfacher Aussagesatz.
Das weißt du ja schon. Versuche, den Satz so oft umzustellen, wie es geht!

Jeden Morgen liest Pfiff beim Frühstück in der Küche seine Zeitung.

Seine Zeitung ______________________________ .

Seine Zeitung ______________________________ .

In der Küche ______________________________ .

Beim Frühstück ______________________________ .

Liest ______________________________ ?

Das, was du hier gemacht hast, nennt man **Umstellprobe.**
Damit kannst du erkennen, wie viele Satzteile es im Satz gibt.
Der letzte Satz ist eine Ausnahme.
Sicher hast du gemerkt, dass in den anderen Sätzen immer ein Satzteil an der gleichen Stelle steht – nämlich das Wort

______________ .

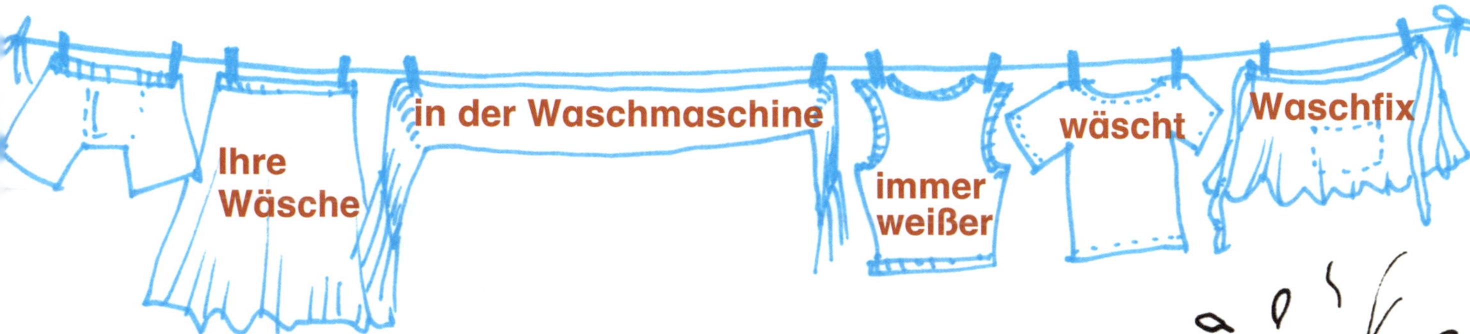

Pfiff ist draußen im Garten.

Mache noch einmal die Umstellprobe!

Du hast sicher gemerkt, dass ein Satzteil immer an der zweiten Stelle steht: das Tunwort. Dieser Satzteil ist die **Satzaussage** (auch Prädikat genannt).

Ob du alle Möglichkeiten gefunden hast, kannst du hinten nachschauen.

Pfiff möchte mit dir probieren, ob er bei den folgenden Sätzen die **Satzaussage** erkennen kann. Man muss nur danach fragen.

Die Frage lautet:
Was tut ...?
oder auch
Was wird getan?

Heinrich will weg

Heinrich geht es schlecht. Oft schimpft man mit ihm und sperrt ihn ein.

Ihn quält sein Hundeleben.

Deshalb entschließt sich Heinrich, davonzulaufen.

Aber wohin?

Heinrich träumt oft von einem neuen Herrchen.

Doch jetzt hat er ein Loch im Zaun entdeckt.

Er schlüpft hindurch und steht schon auf der Straße.

Er rennt los. Kurze Zeit später steht er an einem Zaun.

Und was nun?

Unterstreiche in jedem Satz die Satzaussage rot!
Aber aufgepasst, manchmal besteht die Satzaussage aus zwei Teilen!
Wenn du wissen möchtest, ob du alle Satzaussagen gefunden hast, sieh hinten im Buch nach!

Pfiff würde sich natürlich sofort um Heinrich kümmern. Aber es war ja nur eine Geschichte! Pfiff macht sich jetzt auf die Suche nach dem **Satzgegenstand.** Er weiß nämlich:

Nur, wenn es **Satzaussage** und **Satzgegenstand (Prädikat** und **Subjekt)** gibt, handelt es sich um einen Satz.

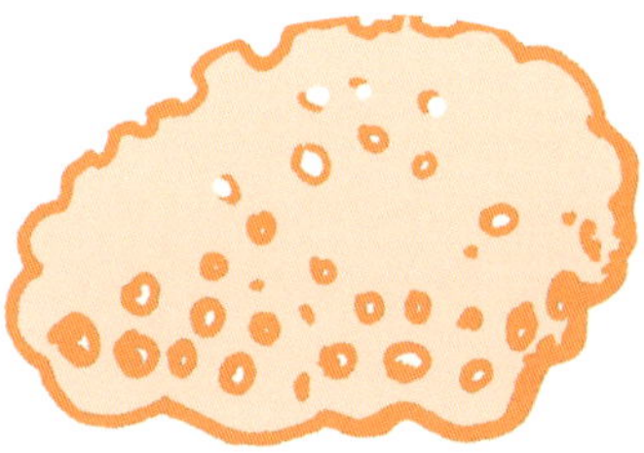

Da ist vielleicht etwas passiert! Molli lag gemütlich in der Badewanne und plätscherte so vor sich hin. Kathrin brachte ihr gerade den Badeschwamm. Plötzlich ging das Licht aus. Kathrin tastete sich an der Wand entlang in die Küche. Dort lag in der rechten Schublade die Taschenlampe.
Sie leuchtete sich den Weg zurück ins Bad. Da stand doch jemand! Kathrin blieb fast das Herz stehen. Vor Schreck ließ Kalle, der Einbrecher, alles fallen. Dann flüchtete er. Molli lag noch immer in der Wanne und trällerte ein Lied. Sie hatte von all dem nichts mitbekommen.

Kommissar Pfiff hört sich die Geschichte an und stellt Fragen:

Wer plätscherte in der Badewanne?
Wer brachte den Badeschwamm?
Wer tastete sich durch den dunklen Flur?
Wer suchte in der Küche die Taschenlampe?
Wer ließ vor Schreck alles fallen?
Wer trällerte noch immer in der Badewanne fröhlich weiter?

Kannst du die Fragen von Kommissar Pfiff beantworten?

Dann hast du schon die meisten Satzgegenstände gefunden. Unterstreiche sie in den Sätzen blau!

Man fragt nämlich danach:
Wer oder was tut etwas?

Ob Kommissar Pfiff alle Fragen geklärt hat?

Zwei Satzteile kennst du jetzt schon.
Aber man kann ja auch noch
wem? oder **wen?** fragen.
Diese Satzteile nennen wir **Ergänzungen**
(im 3. oder 4. Fall) oder auch **Objekte.**
Pfiff hat einen lustigen Text für dich zusammengestellt:

Satzgegenstand wer?	**Satzaussage** was tut?	**Satzergänzung** wen oder was?
Der Schreiner	kocht	die Predigt.
Der Pfarrer	hobelt	den Acker.
Der Bauer	schreibt	den Eintopf.
Der Schneider	backt	den Kuchen.
Der Bäcker	näht	das Brett.
Der Koch	pflügt	die Hose.

Schreibst du die Sätze richtig? Unterstreiche die Ergänzungen grün!

Rechtschreiben

Rechtschreiben ist wichtig!

Du weißt das sicher auch.
Deshalb möchte Pfiff mit dir
in diesem Kapitel noch einmal
das Rechtschreiben üben.
Viel Spaß!

Namenwörter schreibt man groß. Das kennt Pfiff ja. Manchmal ist es aber nicht so einfach, Namenwörter zu erkennen.

Ordne die Namenwörter in die richtigen Kisten ein! Schreibe, wo es geht, den Begleiter dazu!

Glück Riese Pfiff Angst Lurch Kasten Eis Andrea Loch Wunsch Bello Furcht Luft Frosch Wasser Elefant Platz Neugier Trauer Peter

Pfiff hat eine lustige Geschichte für dich aufgetrieben. Leider hat er alles in Großbuchstaben abgetippt.

Schreibst du die Geschichte wieder richtig?

WARUM DAS SCHWEIN WEINTE

EIN SCHWEIN, DAS AUF EINEM BAUERNHOF
LEBTE, HÖRTE, WIE SICH DIE MENSCHEN STETS
MIT SEINEM NAMEN BESCHIMPFTEN.
DIE MAGD SAGTE ZUM KNECHT:
„DU HAST MICH BELOGEN. DU BIST EIN SCHWEIN!“
DER BAUER SAGTE: „DIESER HÄNDLER HAT UNS BETROGEN,
ER IST EIN SCHWEIN.“
DIE BÄUERIN SCHIMPFTE DIE MAGD AUS:
„WIE SCHMUTZIG UND UNORDENTLICH DIE KÜCHE IST!
DAS IST DOCH EINE SCHWEINEREI!“
SO GING ES IMMER WEITER.
DAS SCHWEIN KRÄNKTE SICH MEHR UND MEHR DARÜBER.
EINES TAGES ALSO, ALS ES WIEDER HÖREN MUSSTE,
WIE MAN MIT SEINEM NAMEN UMGING, LEGTE ES SICH HIN UND
WEINTE BITTERLICH. IM STALL WAR ABER AUCH EIN KLEINER
ESEL. „WARUM WEINST DU?“, FRAGTE ER VOLL MITGEFÜHL.
„AN MEINER STELLE WÜRDEST DU AUCH WEINEN“,
SCHLUCHZTE DAS SCHWEIN UND ES ERZÄHLTE DEM ESEL DIE
GESCHICHTE. DER ESEL HÖRTE AUFMERKSAM ZU UND SAGTE:
„JA, DAS IST WIRKLICH EINE SCHWEINEREI!“

Erinnere dich noch einmal an das, was du über die Groß- und Kleinschreibung schon weißt!

Am Satzanfang schreibt man groß.
Namenwörter schreibt man groß.
Tunwörter und Wiewörter schreibt man klein.

Hier kannst du die Geschichte vom Schwein richtig hinschreiben.

Zur Kontrolle kannst du danach im Anhang nachschauen.

Das hat ja gut geklappt.

Bei manchen Namenwörtern erkennt man aber nicht so leicht, ob sie großgeschrieben werden.

Setze doch mit Pfiff zusammen die fehlenden Anfangsbuchstaben in die folgenden Sätze ein!

Pfiff hatte allein in der Dunkelheit furchtbare __ngst.

Der Fahrer des roten Autos hatte an dem Unfall keine __chuld.

Viele Kinder auf der Welt leiden auch heute noch große __ot.

Pfiff will Molli eine __reude machen.

Du hast auch nicht immer __echt.

Gestern hatte Pfiff mit seinen Freunden großen __paß.

Manchmal hast du eben doch __nrecht.

Hier musst du jetzt aufpassen!

Wenn ich abends alleine bin, ist mir schrecklich __ngst und __ange.

Manchmal sagt die Lehrerin: „Ist schon __echt so, wie du das gemacht hast.“

BANGE, SPASS, FREUDE, RECHT, UNRECHT, ANGST, ANGST, SCHULD, NOT, RECHT

Kennst du jetzt schon die Regel?

Überprüfe hinten, ob du richtig liegst.

Dann gibt es noch Namenwörter, die zu feststehenden Ausdrücken gehören. Pfiff möchte gerne Rad fahren. Setze Pfiffs Wörter hier ein. Überlege, ob sie groß- oder kleingeschrieben werden!

a. Pfiff will mit Molli auf dem zugefrorenen See ______________ laufen.

b. Kathrin möchte am Nachmittag mit ihm __________ fahren.

c. In __________ auf das Fernsehen findet er nicht alles gut.

d. Pfiff muss Molli oft __________ geben.

e. Pfiffs Mutter möchte, dass die Kinder mit den Süßigkeiten ______ halten.

f. Kathrin kann schon ______________ schreiben, sie tippt sehr schnell.

g. Im Turnen sollte Pfiff __________ stehen.

h. Auf der Post musste Pfiff lange _____________stehen.

i. Im __________ ist Pfiff ein ganz netter Hund.

Alle Namenwörter, die in enger Verbindung mit Tunwörtern oder Verhältniswörtern feste Begriffe bilden, werden großgeschrieben.

Ausnahme: auf Grund oder aufgrund.

Pfiff möchte Briefe schreiben.

Er war bei Familie Grünewälder zu Besuch. Sie haben einen Bauernhof und er hat dort Urlaub gemacht. Dort hat er sich mit Rudi, dem Sohn der Grünewälders, angefreundet.

Lieber Rudi,

schade, dass die Ferien so schnell wieder vorbei waren. Es war so schön bei ________. Ich wünsche mir, dass ich es hier auch so ruhig haben könnte wie bei ________. Hier fahren zu viele Autos. Was hat es mir einen Spaß gemacht, mit ______ Rad zu fahren oder mit ______ die Kutsche zu benutzen! Es muss ja wunderbar für ______ sein, dass ______ jeden Tag das Pony reiten kannst. _____ weißt gar nicht, wie gut _____ es hast. Ärgere ________ bloß nicht immer über Peter, der ________ so oft hänselt. Es war jedenfalls toll bei ______ und ich hoffe, dass ich ________ im nächsten Sommer wieder besuchen darf. Jetzt schreibe ich noch ein paar Zeilen für ________ Mutter.

Halt die Ohren steif!
Pfiff

Auf der nächsten Seite geht es weiter!

Liebe Frau Grünewälder!

Es war herrlich bei __________ und __________ Familie.

Wie gerne habe ich mich von __________ verwöhnen lassen.

Mir hat _____ Essen wirklich immer super geschmeckt.

Ich würde mich freuen, wenn ich __________ und __________ Bauernhof bald wieder besuchen könnte.

Ich freue mich schon auf den nächsten Sommer bei __________.

Vielen Dank und ganz liebe Grüße sendet __________

Pfiff

Setze die folgenden Fürwörter in die beiden Briefe ein! Entscheide, ob sie groß- oder kleingeschrieben werden.

dir - euch - dir - dir - dich - du - du -du - dich - dich - dir - dich - deine - ihnen - ihrer - ihnen - ihr - sie - ihren - ihnen - ihnen

Hier die Regel:

Anredefürwörter bei vertrauten Personen (die man mit „du“ anredet) schreibt man klein! Anredefürwörter für Personen, die man mit „Sie“ anredet, werden großgeschrieben!

Pfiff und Molli waren zu einem großen Fest eingeladen.

Fest

Tag
Tafel
Zelt
Saal
Kleidung
Gesellschaft
Stimmung

Bildest du zusammengesetzte Wörter daraus?

Auf der nächsten Seite geht es weiter!

Das mit den zusammengeschriebenen Namenwörtern war Pfiff schon länger klar. Dir sicher auch, oder? Das haben wir ja im ersten Kapitel schon geübt.

Hier darfst du mit Pfiff und Molli noch ein bisschen spielen. Sie wetten, wer das längste Wort bilden kann. „Wetten, dass ich das kann?“, fragt Pfiff. „Ich halte dagegen!“, kontert Molli.

Pfiff: **Blei – Stift – Anspitzer – Klinge**

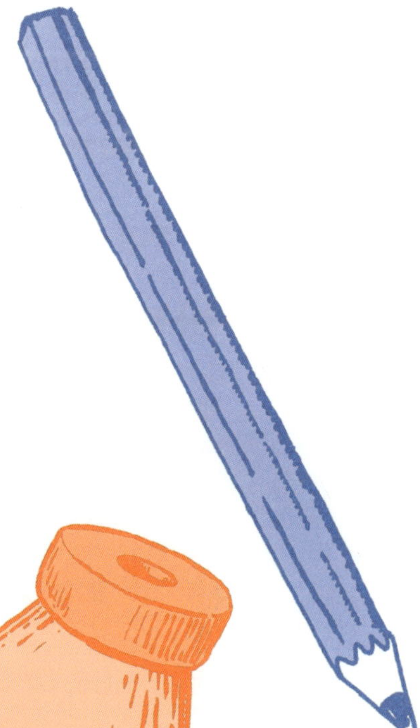

Wie heißt das Wort?

____

Wie viele Buchstaben hat es? ____

Molli: **Schokolade – Plätzchen – Zucker – Guss**

Wie heißt das Wort?

____

Wie viele Buchstaben hat es? ____

Pfiff: **Kanal – Schifffahrt – Gesellschaft – Kapitän**

Wie heißt das Wort?

____

Wie viele Buchstaben hat es? ____

Molli: **Taschen – Messer – Kunststoff – Griff**

Wie heißt das Wort?

____

Wie viele Buchstaben hat es? ____

Wer hat gewonnen? Die Lösung steht hinten!

Aber wie ist das mit den Tunwörtern? Das weiß Pfiff jetzt nicht so genau.

Schreibe zu den folgenden Sätzen immer die Grundform des Tunwortes! Schreibe die Grundform dieser Tunwörter immer zusammen!

Pfiff sieht fern. ____________________

Molli stellt ihre Freundin nicht bloß. ____________________

Kathrin läuft die Straße entlang. ____________________

Tom klettert den höchsten Baum hinauf. ____________________

Pfiff springt über den Zaun. ____________________

Da kommt ihm Molli dazwischen. ____________________

Fidibus rennt die Treppe hinunter. ____________________

Molli steigt mühsam den Berg hinauf. ____________________

Fidibus redet dauernd hinein. ____________________

„Aber“, meldet sich Molli jetzt zu Wort, „bei den Wiewörtern gibt es so etwas auch!“ Doch das kennst du ja schon. Nicht wahr?

Schreibe alle Wiewörter zusammen und natürlich klein!

Das Brot ist hart wie ein Knochen. Es ist ______________________ .

Pfiff ist müde wie ein Hund. Er ist ______________________ .

Kathrins Stimme ist hell wie eine Glocke. Sie ist ________________ .

Die neuen Gardinen sind weiß wie Schnee. Sie sind ________________ .

Mollis Kleid ist blau wie der Himmel. Es ist ____________________ .

Die Butter ist hart wie Stein. Sie ist ______________________ .

Es gibt Menschen, die sind so groß wie Riesen.

Sie sind _________________ .

Kathrins Kuchen ist weich wie Butter. Er ist ____________________ .

Jetzt weiß Pfiff schon wieder etwas Neues. Ihm fällt es immer schwer, herauszufinden, ob man Wörter, die mit so, wie, zu und einander verbunden sind, getrennt oder zusammenschreibt.

**Du hilfst ihm sicher.
Hier die Regel:**

> **Verbindungen mit so, wie und zu schreibt man getrennt. Verbindungen mit einander schreibt man zusammen.**

Aber erst einmal geht hier alles durcheinander.

an, unter, gegen, aus, **-einander**, mit, durch, neben

Schreibe auf!

S, ss oder ß – ja, Pfiff wüsste gerne, wann welcher Laut geschrieben wird.

Ordne die Wörter in die entsprechende Kiste ein.

Stoß messen Fuß Grüße bisschen fließen Schluss wissen Straße nass Klasse müssen Wasser Fluss Schloss lassen fressen Spaß essen groß heiß schießen Nuss

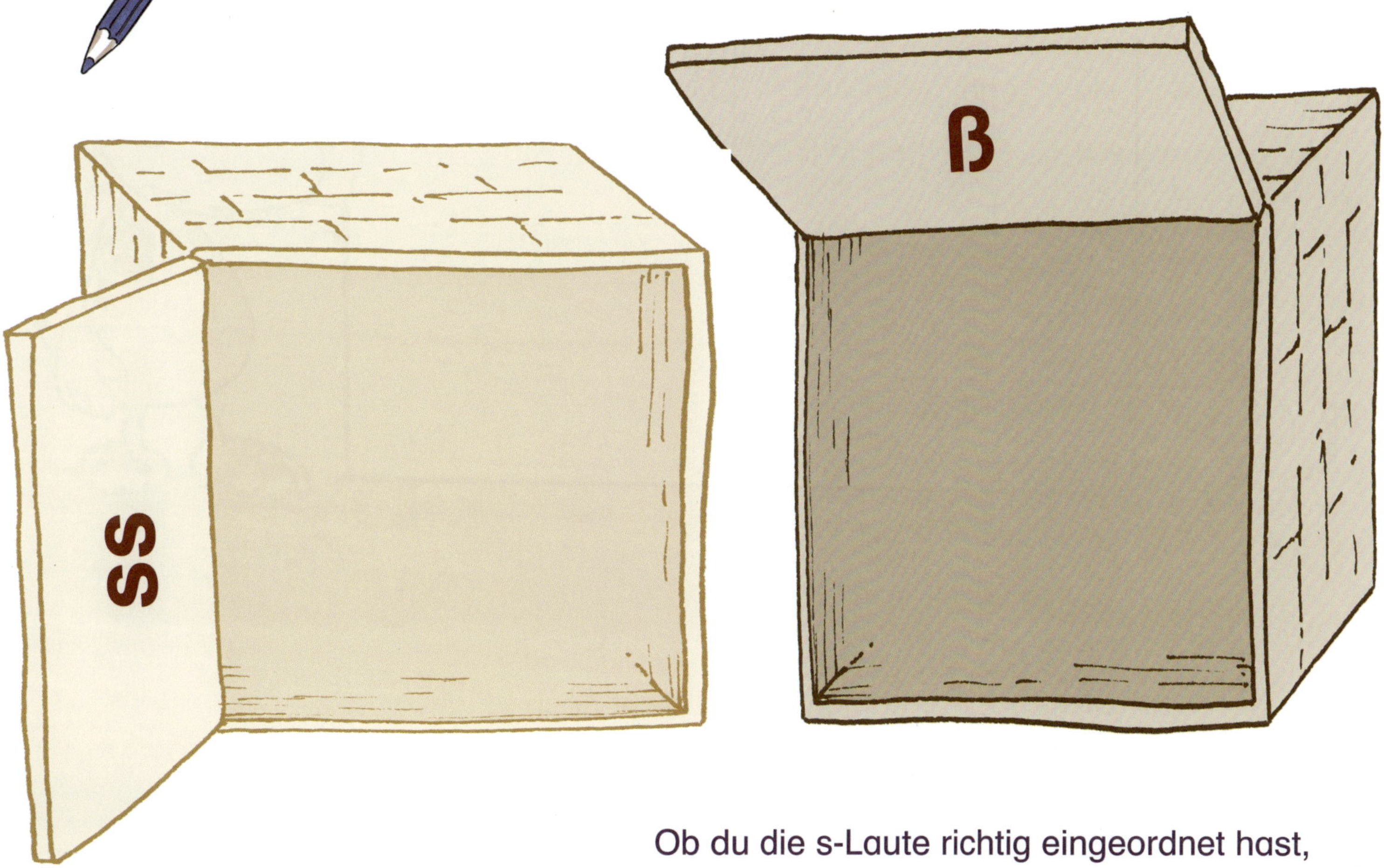

Ob du die s-Laute richtig eingeordnet hast, kannst du im Anhang nachschlagen.

Kannst du die Regel formulieren?
Achte auf die Selbstlaute vor dem s-Laut!

Ich schreibe ss, wenn der Selbstlaut davor ________ gesprochen wird.

Ich schreibe ß, wenn der Selbstlaut davor _________ gesprochen wird oder wenn es ein Doppellaut ist.

Pfiff und Molli versuchen, so viele Wörter zu finden wie möglich.

Molli sammelt die mit ss	Pfiff sammelt die mit ß
Bi___, Flu___, Fa___,	bü___en, Fu___,
Gu___, Ga___e,	flie___en, Fü___e,
Ha___, ha___en,	Gru___, grü___en,
Ku___, kü___en,	gie___en, Klo___,
Ki___en,	_________, _________,
_________, _________,	_________, _________,
_________, _________,	_________, _________.
_________, _________.	
_________.	

Diese Wörter kannst du vielleicht noch selbst bei Pfiff oder Molli einordnen:

mu___, mü___en, Pa___, la___en, lie___, Spa___,

Spä___e, au___en, sa___, Wa___er, na___, Nu___

Pfiff möchte es jetzt aber genau wissen.

Da gibt es doch auch noch Wörter mit **s**? Wie ist das denn mit denen? „Wenn man ganz deutlich spricht“, so weiß Pfiff, „kann man das hören.“

Man unterscheidet das stimmhafte **s** (es ist weich, wird gesummt) und das stimmlose **s** (es ist scharf, wird gezischt).

Ordne die folgenden Wörter nach stimmlosem und stimmhaftem **s** ein!

Rasen bissig Rest lesen hastig leise Waise Schlösser Wiese Glas rasen beißen Gasse außen Susi blass fleißig Weise fassen reisen Sense Sack Straße

stimmloses s	stimmhaftes s
Straße	reisen

Pfiff hat viel gelernt. Molli auch.

Jetzt ist aber Molli ratlos.
Wie unterscheidet sie denn,
ob es **das** oder **dass** heißt?

Pfiff kennt die Regel.

Wenn du dieses, jenes oder welches einsetzen kannst, dann wird es das geschrieben. Sonst schreibst du dass!

Pfiff mag _____ neue Kleid Mollis.

_____ Spiel, _____ er gestern mit Molli gespielt hat, war toll.

Molli hat sich sehr gefreut, _____ Pfiff zu ihr gekommen ist.

So war es auch nicht schlimm, _____ der Ausflug wegen Regens ausgefallen ist.

Beide wünschen sich, _____ bald wieder die Sonne scheint.

Pfiff kann nämlich _____ Regenwetter nicht leiden, Molli macht

_____ nichts aus, _____ es ein bisschen feucht draußen ist.

Na, was ist bei deiner
Einsetzerei herausgekommen?
Hast du 5-mal **das** und
4-mal **dass** eingesetzt?

In den folgenden Sätzen steht immer **dass.**
Verbinde die beiden Sätze so, dass das Wörtchen **dass** als Verbindung dient.
Vor **dass** steht immer ein **Komma**.

Beispiel:
Es ist schön. Du bist gekommen.
Es ist schön, **dass** du gekommen bist.

Es ist schlimm. Es hat Hochwasser gegeben.

Es ist klar. Wir schreiben heute eine Mathearbeit.

Ich freue mich. Pfiff kommt heute zum Spielen.

„Es wundert mich. Du bist heute pünktlich“, sagt Molli.

Ich hoffe doch sehr. Oma ist bald wieder gesund.

Schau im Anhang nach, ob du die Übung richtig gemacht hast!

Jetzt ist Fidibus auch noch gekommen.

Und wie immer gibt es etwas zum Knobeln.

Immer wenn du **dass** schreiben musst,
setzt du unten den Lösungsbuchstaben ein.

Ich glaube, _____ er kommt.
K

Ich bin sicher, _____ ist mein Buch.
U

Ist _____ eine Tanne oder eine Fichte?
H

Ich weiß ja, _____ es schon spät ist.
L

Weißt du denn nicht, _____ _____ eine Rose ist?
A

_____ Auto, _____ dort steht, _____ gehört meinem Onkel.
M

Siehst du nicht, _____ der Bus kommt?
S

Wie soll ich _____ denn verstehen?
N

Ich erkenne _____ kleine Kätzchen wieder.
R

Ist doch klar, _____ ich zu deinem Geburtstag komme.
S

Ich höre _____ zum ersten Mal.
P

Du musst wissen, _____ die Lehrerin sehr streng ist.
E

Pfiff und du, ihr seid einfach ___ ___ ___ ___ ___ ___!

Manche s-Laute sind gar keine richtigen s-Laute.

Sie werden wie **sch** gesprochen,
aber **st** oder **sp** geschrieben.
Hilfst du Pfiff beim Aufräumen der Wörter?

schmecken schnarchen Schrank streiten springen schmatzen stürzen Spiegel Knospe Schwamm schmusen Wespe stellen rasten stehen spielen am besten rosten Schulter schlängeln testen Stiefel Sturm

s gesprochen und geschrieben	**sch** gesprochen und **s** geschrieben	**sch** gesprochen und **sch** geschrieben
Knospe	stellen	

Das Einsortieren war ja nicht so schwer, oder? Die Lösung findest du hinten.

Jetzt kannst du Pfiff helfen,
die richtigen Laute in die folgenden
Wörter einzusetzen

___wer

___längeln

Kno___pe

___türzen

___lange

___tein

___wimmen

wi___pern

___wein

___tange

___tier

___tehen

___pur

___tarren

Das mit dem s-Laut, das kann Pfiff jetzt schon. Er ist ja, wie sein Name schon sagt, ein besonders pfiffiger Hund. Aber wie steht es mit anderen schwierigen Lauten? Pfiff fällt das p und das b ein.

Bei den folgenden Wörtern hörst du nicht gut, ob p oder b geschrieben wird.

Bilde zuerst die Grundform! Dann kannst du hören, ob p oder b geschrieben wird!

Grundform	Tunwort in Personalform
heben	er he__t
	er hu__t
	er stir__t
	sie pum__t
	sie schwe__t
	sie le__t
	er gi__t
	sie lie__t
	er ü__t

Bei anderen Wörtern muss man das Wort verlängern. Bei Wiewörtern muss man die Steigerungsform bilden. Pfiff hilft dir!

Bilde bei den folgenden Wiewörtern die Steigerungsform!

Beispiel: lieb, lieber

Wiewort	Steigerung
gro__	grö__er
plum__	______________
her__	______________
tau__	______________

Wie heißt die Mehrzahl?

das Kal__, die Käl__er

der Kor__, die Kör__e

Ordne die Wörter ein!

Hau__t
hü__sch
__apagei
Stau__
Er__se
O__st
Her__st
Pa__st
Gri__s

p	b

Zu den schwierigen Lauten gehören auch g, k oder ch am Wortende.

Wie wird denn nun **Honi__** am Ende geschrieben?

Viele dieser Wörter muss man einfach oft üben.
Sortiere die folgenden Wörter in Pfiffs Töpfe – er ist nämlich gerade in der Küche.

der Zwer____	der Ber____	die Bur____	das Gebäl___
der Entente i___	der Fun___	der Kal___	der Rau____
der We____	der Pfenni____	die Klini_____	der Schlosspar___
der Ba____	das Da___	der Pflu____	das Wer____

g	k	ch
____________	____________	____________
____________	____________	____________
____________	____________	____________
____________	____________	____________
____________	____________	____________
____________	____________	____________

Manchmal hilft dir das Verlängern weiter.

**Kannst du d und t am Wortende gut unterscheiden?
Pfiff weiß, dass auch hier folgende Regel gilt:**

Um d oder t am Wortende zu hören, musst du das Wort verlängern.

Molli hat ein schönes Klei___.

Der Wir___ verkauft Getränke in seinem Gasthaus.

Spanien ist ein Lan___ in Europa.

Pfiff hat ein schönes Bil___ gemalt.

Die Ritter kämpften mit dem Schwer___.

Das Bro___ ist ganz frisch.

Kathrin weint nicht ohne Grun___.

Manche Menschen leben in großer No___.

Hier kannst du die Wörter noch einmal verlängern, um ihr Ende genau zu hören.

Klei__	Kleider
Wir__	
Lan__	
Bil__	
Schwer__	
Bro__	
Grun__	
No__	

Pfiff hat noch einige Wörter gesammelt,
die am Ende **d** oder **t** haben. Bei den Tunwörtern
kannst du die Regel sicher selbst erkennen.

Setze die Wörter aus der Kiste
in die 3. Person Einzahl!

Beispiel: schneiden – er schneidet

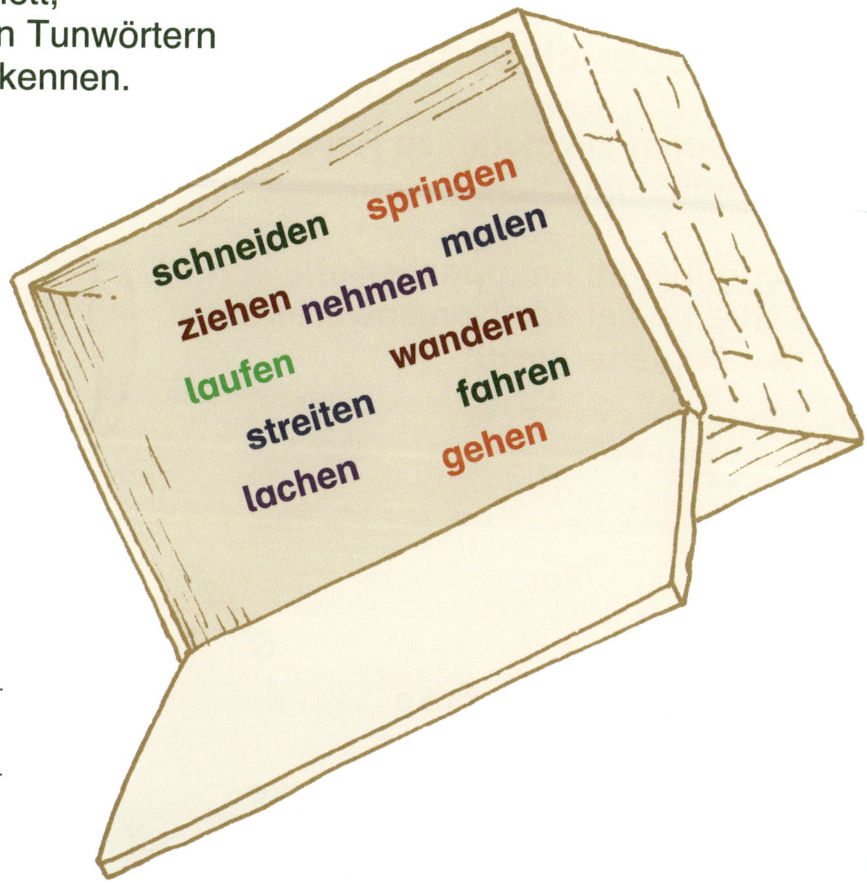

_______________ – er _______________

_______________ – er _______________

_______________ – sie _______________

_______________ – sie _______________

_______________ – es _______________

_______________ – es _______________

_______________ – man _______________

_______________ – man _______________

_______________ – er _______________

_______________ – sie _______________

Die Regel lautet:
In der 3. Person Einzahl steht am
_______________ immer ein ___!

Hier hat Kathrin noch ein paar Wörter mit **k** oder **ck** vorbeigebracht.

Du kannst sie sicher zu Reimpaaren zusammensuchen.

Schreibe die Reimpaare auf!
Schreibe bei den Namenwörtern den Begleiter dazu!

Backe
Stock
necken
gucken
nicken
Ecke
Jacke
jucken
Decke
zwicken
Rock
lecken

die Backe – die Jacke

__________ – __________

__________ – __________

__________ – __________

__________ – __________

__________ – __________

__________ – __________

Auf der nächsten Seite findest du noch einige Wörter mit k.
Die Reimpaare kannst du im Anhang nachlesen.

Pfiff hat viel gelernt.
Er ist ganz stolz.
Er weiß schon:

Ein ck steht also nur nach kurzen Vokalen. Es steht niemals nach Mitlauten oder einem langen Vokal oder nach ei, au oder ie.

Fidibus hat dir wieder Wörter mitgebracht, deshalb sind sie extraschwer. Wenn du sie genau liest, dann hörst du, was einzusetzen ist.

Zaubertran___

verrü___t

ul___ig

wel___

wieselflin___

wa___eln

quie___en

win___en

hä___eln

Augenbli___

Schmutzfin___

Froschgequa___e

Kühlschran___

gu___en

qua___en

Quar___

Kor___en

Unglü___

stin___en

Schau im Anhang nach, wenn du wissen willst, ob alles richtig war.

Und wann kommen **z** und **tz**?
Kathrin Katze will es genau wissen.
Sie hat schließlich einen solchen Laut in ihrem Namen.

Kennst du die Regel?
Warum heißt es **Purzelbaum**, aber **Pfütze**?

Hier ein paar Wörter mit tz. Setze ein!

pe___en

si___en

pu___ig

Ta___e

Ka___e

Mü___e

Pfü___e

fli___en

schmu___ig

bene___en

Setze sie passend in die Reime ein!

Da haut doch glatt die K____________

mir auf die Nase ihre T__________.

Das Baby, das ist p____________,

der Lausbub immer sch______________.

Wenn auch die anderen f_____________,

ich bleibe bequem hier s______________.

Mir fiel doch wirklich meine M____________

in eine riesengroße Pf______________.

Na, hat das gut geklappt?

Kannst du jetzt mit Pfiff die Regel vervollständigen?

Schreibe immer **nur** ein **z** nach
__________, ach, sei so nett!
Beispiele: Holz, Herz, Tanz

Und auch nach ______________,
sei nett, schreibst du wirklich nur ein **z**!
Beispiele: Kauz, Käuzchen, Kreuz, Geiz

Das **tz** steht nur nach den ____________,
die kurz gesprochen werden!
Beispiele: petzen, sitzen

Du musst Selbstlaute und l, n, r und ei, eu, au, äu in die Regeln einsetzen. Weißt du, was wohin gehört? Jetzt kannst du sicher die Wörter richtig zusammensetzen, die Pfiff auseinander gerissen hat.

Pfiffs Wörter:	deine richtigen Wörter:
Faul**kragen**	____________________
Fliegen**schmer**___**en**	____________________
Gei___**kau**___	____________________
Stein**min**___	____________________
Bauch**bold**	____________________
Pfeffer**pil**___	____________________
April**schmal**___	____________________
Gänse**scher**___	____________________
Hexen**ling**	____________________
Win___**tan**___	____________________
Wi___**pel**___	____________________

Weißt du noch, wie das mit den lang und kurz gesprochenen Selbstlauten war? Pfiff weiß etwas von Doppellauten.

Doppellaute stehen hinter kurzen Selbstlauten.

Pfiff räumt auf. Hilf ihm doch dabei. Räume die Wörter mit kurzem Selbstlaut in die passende Schrankseite und die mit langem Selbstlaut in die andere.

Zahlen
Schule
Löffel
kamen
Wale
Kammer
Falle
Pflanze
Messer
Düne
Toto
dünn
Halle
Zimmer
Hose
Lotto
Gabel
Ruhe
Lippen
Dose
Brote
Suppe
Schalen
Füller

Pfiff konnte bei dieser Räumerei schon etwas erkennen:

Hinter den kurzen Selbstlauten stehen oft doppelte Mitlaute.

Schreibe doch in die folgenden Wörter die Doppellaute! Verlängere sie dann und trenne sie!

er bellt **bel-len**

er scha____t	____________		
das La____	die ________		
der Sta______	die ________		
der Ka______	____________		
der Ma______	____________		
der Kna_____	kn__________	sie fle____t	____________
sie re____t	____________	der Da_____	____________
sie tri____t	____________	der Sta_____	____________
das Fe_____	die ________	es kna____t	____________

Schau im Anhang nach, ob alles richtig war.

Fidibus hat eine richtige Rechtschreibspezialität mitgebracht.
Wie immer bei ihm gibt es etwas zum Knobeln.

Manchmal gibt es nämlich zusammengesetzte Wörter, bei denen treffen **drei gleiche Mitlaute** oder **drei gleiche Selbstlaute** aufeinander. Die bleiben dann auch so erhalten.

Verbinde die folgenden Wörter mit Strichen!
Was gehört wozu?

Stoff	Ersatz
Kaffee	Fetzen
Zoo	Tempo
See	Tuch
Bett	Sand
Fluss	Orchester
Schritt	Tänzerin
Schiff	Elefant
Ballett	Fahrt

Auf der nächsten Seite hast du Gelegenheit, diese ungewöhnlichen Wörter in einen kleinen Text zu schreiben.

Fidibus hat sich nämlich ein paar Sätze für die Wörter mit den drei gleichen Lauten ausgedacht.

Wenn du die Wörter richtig einsetzt, sagen dir am Ende die Lösungsbuchstaben, was Fidibus gerne geworden wäre.

1. Vor Schulen müssen die Autofahrer
   _ _ _ _ _ _ _ _ _ _ _ _ fahren.
   1 2 3
2. Kathrin möchte am liebsten
   _ _ _ _ _ _ _ _ _ _ _ _ _ _ _ werden.
   7 4
3. _ _ _ _ _ _ _ _ _ _ _ _ sind Meeressäugetiere.
   5 6
4. _ _ _ _ _ _ _ _ _ ist ganz feinkörnig.
   8
5. _ _ _ _ _ _ _ _ _ _ _ _ schmeckt nicht so gut.
   9 12
6. Aus _ _ _ _ _ _ _ _ _ _ _ stellen wir ein Bild zusammen.
   10
7. Ich schlafe auf einem himmelblauen _ _ _ _ _ _ _ _.
   11
8. Das _ _ _ _ _ _ _ _ _ _ _ _ hat schöne Musik gemacht.
   13
9. Wir haben im Urlaub am Plattensee auch eine
   _ _ _ _ _ _ _ _ _ _ _ gemacht.
   14

Wenn Fidibus nicht zaubern könnte, wäre er am liebsten ein toller

_ _ _ _ _ _ _ _ _ _ _ _ _ _ geworden.
1 2 3 4 5 6 7 8 9 10 11 12 13 14

Sehr viele Rechtschreibprobleme hast du schon kennen gelernt. Viele wirst du jetzt auch besser lösen können. Aber Pfiff hat noch etwas für dich.

Aufgepasst, wenn ein Wort mit Dehnungs-h mit einem anderen Wort zusammengesetzt wird:
Das Dehnungs-h bleibt!

Schreibe die folgenden Wörter zusammen!

Stroh + Halm = ______________________________

zäh + heit = ______________________________

Floh + Zirkus = ______________________________

Kuh + Stall = ______________________________

roh + heit = ______________________________

froh + Sinn = ______________________________

Schuh + Schrank = ______________________________

Die richtige Schreibweise kannst du hinten nachprüfen.

Ausnahme:
hoch + **heit** = **Hoheit**
Känguru und **rau** schreibt man **ohne Dehnungs-h**!

Kannst du die fehlenden Buchstaben einsetzen?

Das Gn___, das Kängur___ und der Kakad___ fahren Kan___.

Und d___?

**Jetzt solltest du vielleicht noch das Trennen üben.
Pfiff möchte jedenfalls noch einmal wissen, wie das geht. Hier hat er eine Regel, die du beachten solltest.**

**Doppelte Mitlaute werden in der Mitte getrennt, wenn ein Selbstlaut folgt.
Beispiele: schwim - men, ren - nen**

Schreibe die Wörter getrennt auf:

**Bagger – gaffen – Hammer – Wetter – Gewitter – Affe – Giraffe – Messe
verwirren – beginnen – Robbe – Krabbe – krabbeln – sabbern**

Wie ist es denn nun mit den folgenden Wörtern?

Pappplakat – Balletttänzerinnen – Brennnesseln – Flusssenke

Zeichensetzung

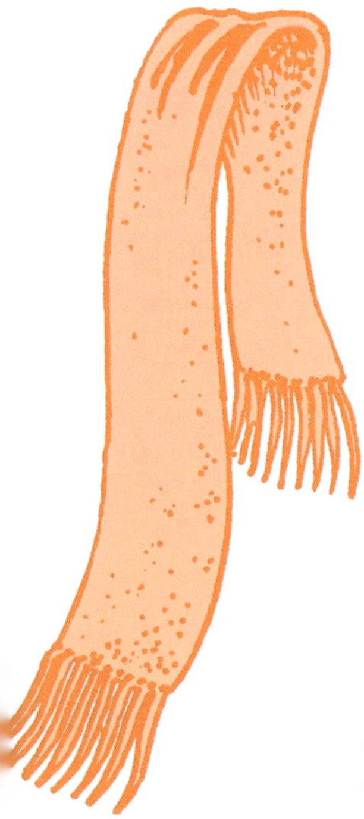

Das Komma trennt verschiedene Sätze voneinander ab, wenn sie zum Beispiel mit **denn** oder **aber** verbunden sind.

Beispiel:
Ich habe heute schulfrei. Die Lehrer machen einen Ausflug.
Ich habe heute schulfrei**, denn** die Lehrer machen einen Ausflug.

Hier hat Pfiff aber ein bisschen geschummelt. Er hat die Sätze falsch zusammengesetzt. Du machst sie sicher richtig. Denke dabei an das Komma! Mache die Sätze richtig und setze jeweils das passende Bindewort (denn, aber) ein!

1. Ich nehme besser die Regenjacke mit. Er hat noch Musikunterricht.
2. Ich soll unbedingt etwas essen. Niemand will mit ihr gehen.
3. Pfiff will unbedingt spielen. Es soll regnen.
4. Kathrin will Pilotin werden. Er hat seine Uhr verloren.
5. Molli möchte gerne ins Schwimmbad. Ich habe keinen Hunger.
6. Tom ist traurig. Sie fliegt so gerne.

Satzzeichen sind auch wichtig für das Verständnis eines Satzes oder Textes. Pfiff hat aufgeräumt. Er erzählt Molli, wie schön es geworden ist.

Ich habe alles aufgeräumt.
Meine Schreibsachen liegen auf dem Schreibtisch
unter dem Bett steht mein Bastelkarton auf dem
Schrank liegen meine Wasserfarben im Schuhregal
stehen meine Hausschuhe auf dem Sessel
sitzt mein Teddy in der roten Vase
stehen die Blumen im Bücherregal
stehen die Bücher unter der Fensterbank
steht der Papierkorb unter dem Stuhl
liegen noch Papierschnipsel
die werfe ich aber auch noch weg mit den
anderen Sachen bin ich jetzt ganz zufrieden.

Molli kann nur noch den Kopf schütteln. Und das soll Aufräumen sein?

Setze Kommas an die richtige Stelle und lies den Text dann noch einmal. Schon hört er sich ganz anders an.

Bei den Lösungen kannst du dann noch einmal nachlesen, ob alles richtig war.

Pfiff hat am Strand Muscheln gesammelt.

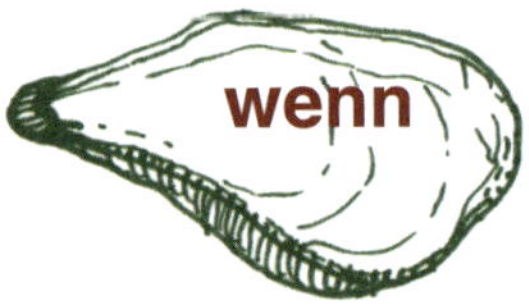

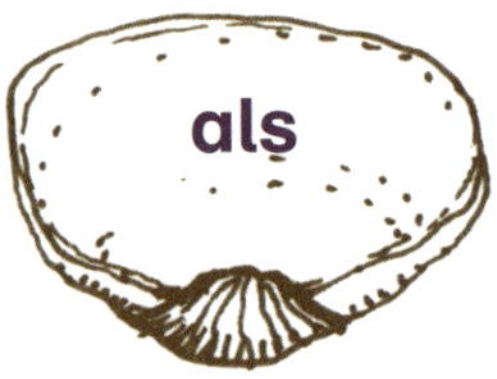

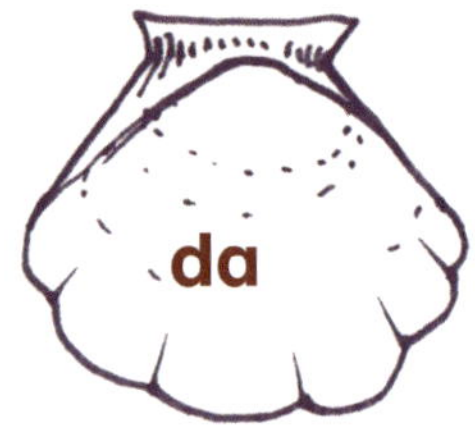

Pfiff kennt noch eine Regel:
Hauptsätze werden durch ein Komma von Nebensätzen getrennt.
Dazwischen steht ein Bindewort.

Setze in die folgenden Sätze das passende Bindewort aus den Muscheln ein! Vergiss dabei das Komma nicht!

1. **Mein kleiner Bruder kann immer spielen__ ________________ ich Hausaufgaben mache.**
2. **Ich darf heute nicht nach draußen__ ____________ ich gestern meine Hausaufgaben vergessen habe.**
3. **Molli möchte__ ________ Pfiff heute zu ihr zum Spielen kommt.**
4. **Nimm dir doch ein Wurstbrot__ ______ du Hunger hast.**
5. **Mutter war hundemüde__ _______ sie von ihrer Wanderung kam.**
6. **Pfiff hilft bei der Vorbereitung zur Feier__ _____ er gut basteln kann.**

Erinnerst du dich noch an die Satzteile?

Wenn **mehrere gleiche Satzteile** ohne ein Bindewort nebeneinander stehen, dann werden sie durch **ein Komma** getrennt.
Beispiel:
Ich laufe, turne, spiele und male gerne.

Bilde nun mit Pfiff ähnliche Sätze!

Im Herbst
wirbeln
fliegen
fallen
schweben
die bunten Blätter.

Dein Satz: ______________________________

Im Winter
tanzen
wirbeln
fallen
schweben
die Schneeflocken.

Dein Satz: ______________________________

Pfiff malt
rote
blaue
grüne
gelbe
Sterne auf Papier.

Dein Satz: ______________________________

Den ganzen Morgen über
schreiben
rechnen
lesen
malen
kichern
die Schüler.

Dein Satz: ______________________________

Pfiff fragt:
„Kommst du mit ins Kino?“
„Oh, sehr gerne!“, antwortet Molli,
„Was läuft denn?“
„Ein Film mit Detektiven und Verbrechern“,
klärt Pfiff sie auf.

Das Gesprochene (also die wörtliche Rede) wird durch Redezeichen eingerahmt. Das gilt auch für die Satzschlusszeichen. Folgt der wörtlichen Rede der Begleitsatz, dann wird dieser noch durch ein Komma abgetrennt.

Molli hat Pfiff ein paar Witze mitgebracht.
Setze die Zeichen der wörtlichen Rede sowie Doppelpunkt, Punkt, Komma, Ausrufe- und Fragezeichen!

1. Der Lehrer fragt die Klasse Wer kann mir drei Tiere nennen, die in Asien leben Fritz meldet sich und sagt Ich, Herr Lehrer, ein Tiger und zwei Elefanten

2. Die Lehrerin sagt in der Sachkundestunde zu Manfred Nenne mir doch bitte einmal ein paar Tiere Manfred zählt auf Hündchen Hühnchen Hähnchen Entchen Kätzchen Was beschwert sich da die Lehrerin warum hängst du denn überall ein -chen dran Nenne mir doch noch andere Tiere Da antwortet Manfred Eichhörn Meerschwein Kanin

3. Mutter ist außer sich Wieso hast du denn schon wieder fünfzehn Fehler im Diktat Moni antwortet Ich kann doch nichts dafür, wenn mein Lehrer immer so lange danach sucht

Ob du die Satzzeichen korrekt eingesetzt hast, kannst du im Anhang nachschlagen.

Jetzt hat Pfiff noch einen ganz besonderen Test für dich. Wenn du den schaffst, dann bist du ein wirklich toller Rechtschreiber oder eine tolle Rechtschreiberin.

Pfiff hat wieder die Klasse 4a besucht. Er hat dir von dort einen Text mitgebracht, in dem die Satzzeichen fehlen und der ganz in Großbuchstaben gehalten ist. Außerdem sind darin ein paar Lücken eingebaut. Mache ihn auf einem Extrazettel vollständig!

WIR SAMMELN MÜLL

DIE SCHÜLER SCHÜLERINNEN UNSERE LE___ERIN UND

ZWEI MÜTTER HABEN AM LETZTEN DO____ERSTAG IM

WAL___ MÜ___ GESA____ELT

SCHAUT ÜBERA____ NACH AUCH IN DEN GRÄBEN

SAGTE DIE LEHRERIN

EINE DER MÜTTER RIEF NOCH SEHT AUCH UNTER DIE BÜSCHE UND

Z_____T AUF ALLE FÄLLE HANDSCHUHE AN

DA____ KO____TE ES LOSGE__EN!

IMMER ZWEI ODER DREI KINDER WAREN ZUSA____EN

SIE HOBEN AUF WAS SIE FANDEN UND TATEN ES IN MÜ____SÄ____E

Auf der nächsten Seite geht es weiter.

Hier geht die Geschichte weiter:

WAS DA ALLES GEFUNDEN WURDE

ZIGARE____ENSCHACHTELN

GETRÄN___EDOSEN L____RE FLASCHEN PAPIER

PLASTI___TÜTEN UND SCHERBEN

MAN FAN___ SOGAR AUTOREIFEN, EIN ALTES SOFA UND

EIN BETTGESTE____

OB HIER JEMAND WOHNT FRAGTE TIMO LACHEND

Bei höchstens drei Fehlern bist du ein richtiger Rechtschreibmeister. Und für die gibt es auch auf der nächsten Seite eine Urkunde.

Ob du diesen Test bestanden hast, kannst du im Anhang sehen.

Urkunde

Hiermit wird bestätigt, dass

....

Name

nach erfolgreicher Rechtschreibarbeit den Test bestanden hat.

Herzlichen Glückwunsch!

Datum..........

Ort:..........

Pfiff

Lösungen

S. 3

1T5H4Z4E, 3T2H7Z3E, 4T7H6Z3E

S. 4

3453, 6381, 9247, 5678, 8043, 2409, 7580, 9211

S. 6

Pfiff ist in den GARTEN gegangen.

S. 8

Enten: 500-1500-2500-3500-4500-5500
Schafe: 1000-2000-3000-4000-5000-6000
Katzen: 1500-2500-3500-4500-5500-6500
Fische: 2000-3000-4000-5000-6000-7000
Schweine: 2500-3500-4500-5500-6500-7500
Elefanten: 3000-4000-5000-6000-7000-8000

S. 9

Vorgänger – Nachfolger

4 752	4 753	4 754
5 798	5 799	5 800
6 208	6 209	6 210
2 374	2 375	2 376
2 999	3 000	3 001
4 099	4 100	4 101
1 478	1 479	1 480
5 998	5 999	6 000
6 999	7 000	7 001
6 898	6 899	6 900

S. 10/11

I	2 349	B	2 464	E	4 121	A	5 273
C	2 364	I	3 889	I	4 669	S	5 389,
H	2 792	N	3 889	N	4 808	S	7 543

I	5 532	K	6 995	D	9 015
C	6 258	A	7 458	A	9 334
H	6 378	N	8 113	S	8 305
		N	8 933		

S. 12

7 624 + 809 = 8 433, 2 254 + 2 467 = 4 721

S. 13

a) 2 338, b) 3 035, c) 1 871

S. 15

1 123 - 556 = 567, 8 456 - 3 901 = 4 555
7 999 - 2 333 = 5 666, 6 789 - 4 555 = 2 234
8 888 - 4 321 = 4 567, 10 000 - 3 456 = 6 544

S. 16

1.) 21, 40, 45 // 210, 400, 450 // 2 100, 4 000, 4 500
2.) 280, 2 800 / 490, 4 900 / 140, 1 400 720, 7 200 / 540, 5 400 / 810, 8 100 400, 4 000 / 240, 2 400 / 640, 6 400
3.) 5 600, 3 600, 3 600 // 4 000, 3 500, 4 200
4.) 7, 7, 9 // 5, 6, 6

S. 17

Pfiff sagt: „Das war doch SEHR EINFACH."

S. 18

DAS KLAPPT!

S. 19

Pfiff isst am liebsten SPAGETTIEIS.

S. 21

2 x 2 -> 4 x 2 -> 8 x 2 -> 16 x 2 -> 32 x 2 -> 64 x 2 -> 128 x 2 -> 256 x 2 -> 512 x 2 -> 1 024 x 2 -> 2 048 x 2 -> 4 096 x 2 -> 8 192 Q: 20
3 x 3 -> 9 x 3 -> 27 x 3 -> 81 x 3 -> 243 x 3 -> 729 x 3 -> 2 187 x 3 -> 6 561 Q: 18

S. 22/23

Die Zahlen heißen 34 357, 23 443, 45 579, 36 544.

S. 24

HT	ZT	T	H	Z	E
	3	1	5	6	4
	8	8	1	2	0
	5	7	6	3	5
	9	9	9	9	9
	1	0	0	0	1
1	0	0	0	1	0
	5	0	7	0	4
	9	0	1	0	9
	7	2	9	7	3
	3	3	3	0	0
	3	0	3	0	3
	6	4	4	0	1

S. 25

43 198	43 199	43 200
60 998	60 999	61 000
18 408	18 409	18 410
26 000	26 001	26 002
67 908	67 909	67 910
40 999	41 000	41 001
55 098	55 099	55 100

S. 26

Es sind 6 Zahlen.
Der Größe nach: 20 789, 20 798, 20 879, 20 897, 20 978, 20 987
Die größte Zahl: 20 987
Die kleinste Zahl: 20 789
Alle fünfstelligen Zahlen mit der 35:
35 468, 35 486, 35 648, 35 684, 35 846, 35 864

S. 27

Das Runden auf volle Hunderter:
75 651 ist ungefähr 75 700
32 170 ist ungefähr 32 200
24 229 ist ungefähr 24 200
57 345 ist ungefähr 57 300
90 099 ist ungefähr 90 100
Das Runden auf volle Tausender:
21 594 ist ungefähr 22 000
34 415 ist ungefähr 34 000
36 910 ist ungefähr 37 000
29 718 ist ungefähr 30 000
33 179 ist ungefähr 33 000

S. 28

100 000
30 000
50 000
70 000
30 000
60 000
20 000
80 000
20 000
80 000
70 000
Du musst natürlich auf die Tausender achten.

S. 30

Kilometerstand zusammen: 91 703 km
87 134 - 67 675 - 91 248 - 69 110 - 89 234 - 90 676

S. 31

Er war auch in WIEN. Der LKW war auch noch in PARIS.

S. 42

200 000 + 300 000 = 500 000
400 000 + 120 000 = 520 000
600 000 + 200 000 = 800 000
300 000 + 250 000 = 550 000
300 000 + 700 000 = 1 000 000
600 000 + 310 000 = 910 000
600 000 - 300 000 = 300 000
610 000 - 300 000 = 310 000
900 000 - 500 000 = 400 000
570 000 - 200 000 = 370 000
300 000 - 100 000 = 200 000
380 000 - 200 000 = 180 000

S. 44

1. Haus:

256 700 - 256 754 - 256 800
267 800 - alle Zahlen größer als 267 800 und kleiner als 267 900 - 267 900
674 300 - alle Zahlen, die größer sind und kleiner als 674 400 - 674 400
2. Haus:
889 000 - 889 298 - 890 000
678 000 - 678 889 - 679 000
844 000 - 844 312 - 845 000
3. Haus:
270 000 - 277 431 - 280 000
630 000 - 635 428 - 640 000
260 000 - 277 431 - 270 000
840 000 - 846 666 - 850 000

S. 45

1.) ist falsch, richtig: 102 357
2.) ist falsch, richtig: 10 152
3.) ist falsch, richtig: 77 645
4.) ist falsch, richtig: 11 111

S. 46

1.) ist falsch, richtig: 118 642
2.) ist richtig
3.) ist falsch, richtig: 36 663
4.) ist richtig

S. 48/49

Den SCHLAFSACK darf Pfiff auf keinen Fall vergessen.

S. 50

LUFTMATRATZE

S. 55

Molli hat NUSSKUCHEN in ihrem Korb.

S. 58

Mir ist aufgefallen, dass 321 herauskommt. Das ist der hunderste Teil der Startzahl. Und 4 x 5 x 5 ist ja auch 100.

S. 59

66 000, 13200, 3 300, 660
75 000, 15 000, 3 750, 750

S. 60

Pfiff und Molli spielen FEDERBALL.

S. 62

Pfiff trinkt eine Tasse KAKAO.

S. 65

1. falsch, richtig ist 3 268
   falsch, richtig ist 2 757
   richtig
2. falsch, richtig ist 24 654
   falsch, richtig ist 18 513
   richtig
3. richtig
   falsch, richtig ist 17 682
   falsch, richtig ist 5 914

S. 67

In den anderen kleinen Kisten sind SCHOKOKÜSSE.
Hier noch einmal die korrekten Ergebnisse in der Reihenfolge der Aufgaben:
14,76 / 29,97 / 2,10 / 3,56 / 13,05 / 24,36 / 28,60 / 30,78 / 24,56 / 14,14 / 5,76

S. 72
Pfiff ist 108 Monate, 468 Wochen, 3 287 Tage alt.

S. 73

Pfiff ist 78 840 Stunden, 4 730 400 Minuten und 283 824 000 Sekunden alt.

S. 75

Er möchte zum SPORTFEST.

S. 77

Kathrin braucht 11,4 s.
Pfiff ist 1 s schneller als Fidibus.

S. 78

Sie brauchen 2 min und 19 s.
Pfiff braucht 4 min 14 s.

S. 79

Die rote Kuh
Ein Mann hatte eine Kuh. Da kam es ihm eines Tages in den Sinn, die Kuh rot anzustreichen. Ohren und Beine färbte er grün. Als er mit der roten Kuh durch die Stadt zog, rannten alle Leute aus den Häusern. Das Essen auf den Herden brannte an, kleine Kinder wurden nicht angezogen, denn jeder wollte die rote Kuh sehen.
Alle riefen: „Wie wunderschön, wie ungewöhnlich, eine rote Kuh!“ Auch am nächsten Tag liefen die Menschen noch zusammen, wo immer sich die rote Kuh sehen ließ. Aber schon am übernächsten Tag drehte sich niemand mehr nach der roten Kuh um.

S. 80

Lieber Pfiff,
hier bei meiner Oma gefällt es mir sehr gut.
Das Wetter ist super und ich unternehme viel.
Wenn ich morgens ausgeschlafen habe, frühstücke ich erst einmal sehr lange mit Oma. Sie macht mir immer die leckersten Sachen. Vorgestern besuchte ich auf dem Bauernhof Omas Freunde. Dort gab es vielleicht viele Tiere zu sehen! Am niedlichsten fand ich die kleinen Ferkel.
Ich lachte mich fast tot, als sie auf ihren kleinen Beinchen über den Hof rannten. Aber auch die Kaninchen fand ich gut, sie ließen sich ganz lange von mir streicheln.
Morgen werden wir zusammen in die Berge fahren. Dort werden wir mit der Seilbahn hoch auf den Berg fahren und oben werden wir wandern. Wir werden in einer Almhütte zu Mittag essen und dann werden wir wieder herunterfahren. Das wird sicher toll!
Liebe Grüße
schickt dir deine Kathrin.

S. 81

ich lief - ich bin geschwommen - ich werde verreisen - ich male - du wirst spielen - du hast gerufen -
wir tanzten - wir lachen - er purzelt - er kochte -
er hat getrunken - er wird wegfahren - wir springen - wir sind gerannt - wir warfen - wir werden feiern -
ihr seid gewandert - ihr schreibt - ihr habt gerechnet - ihr werdet lernen - sie lärmen - sie sind gerudert - sie werden segeln - sie schwammen

S. 83

es gab	es gibt
er stand	er steht
man nannte	man nennt
er diente	er dient
sie kamen	sie kommen
sie überrannten	sie überrennen
man konnte	man kann
es näherte sich	es nähert sich
er nutzte	er nutzt
sie schützte	sie schützt
sie lebten	sie leben
sie arbeiteten	sie arbeiten
sie bewohnten	sie bewohnen
sie gehörten	sie gehören
sie erwirtschafteten	sie erwirtschaften
sie mussten	sie müssen

S. 84

Der Löwe und die Maus
Der Löwe hielt unter vielen dichten Büschen seinen Mittagsschlaf. Die Maus suchte einen kürzeren Weg und lief dem Löwen über die Nase. Der Löwe wachte auf, sah die Maus und hielt sie mit seiner großen Pranke fest. Die Maus jammerte und bat den Löwen um Gnade. Da schenkte ihr der Löwe die Freiheit. Froh rannte die Maus davon.
Kurze Zeit später hörte man das schreckliche Gebrüll des Löwen. Er hatte sich im Netz des Jägers verfangen und kam nicht mehr frei.
Schnell lief die Maus herbei, knabberte am Netz und befreite den Löwen. So hatte der Löwe der Maus sein Leben zu verdanken.

S. 86

Marika geht mit dem Hund spazieren.
Sie nimmt den Hund natürlich an die Leine.
Der Hund bellt froh und möchte am liebsten gleich davonrennen.
Da reißt er sich auch schon los. Der Hund ist gleich um die nächste Ecke verschwunden. Marika rennt dem Hund sofort nach.
Da hört sie ihn auch schon jaulen.
Die Leine des Hundes hat sich um seine Beine gewickelt.
Marika kommt dem Hund schnell zu Hilfe.
Jetzt kann ein gemütlicher Spaziergang beginnen.

S. 87

die Belohnung – belohnen, die Einladung – einladen, die Wanderung – wandern, die Heizung – heizen, die Entschuldigung – sich entschuldigen, die Entdeckung – entdecken, die Ausstellung – ausstellen, die Kleidung – sich kleiden, die Zeichnung – zeichnen, die Meinung – meinen, die Erfindung – erfinden

S. 89

-ung	is	-heit	-keit
Aufregung	Erlaubnis	Gesundheit	Sauberkeit
Erzählung	Ergebnis	Krankheit	Übelkeit
Heizung	Fäulnis	Faulheit	Flüssigkeit
Entschuldigung		Freiheit	
Wohnung			
Gesundung			
Säuberung			

S. 90

Hier die richtigen Wörter:
Handschuh, Suppenlöffel, Gartenschere, Taschenmesser, Holztreppe, Pudelmütze, Wasserhahn, Autoschlange, Astgabel, Stuhlbein

S. 91

Fahrschule, Gehstock, Laufschuh, Wolkenkratzer, Korkenzieher, Zitronenfalter

S. 92

RATEKUENSTLER

S. 94

honiggelb, nachtschwarz, zitronengelb, grasgrün, schneeweiß, pechschwarz, feuerrot, kastanienbraun, meerblau, blutrot

S. 95

freudig, mutig, traurig, wütend, feierlich, abenteuerlich, zornig, lustig, freundlich, schrecklich

S. 96

FÜRCHTERLICH

S. 97

furchtbar – fürchterlich – furchtlos
wolkenlos – wolkig
glücklich – glücklos
hörbar – gehörlos – hörig
schuldlos – schuldig
trinkbar
wunderbar – wunderlich

S. 98

Der Boxer war bärenstark und hatte steinharte Muskeln.
Ich habe Bettwäsche, die ist ganz schneeweiß mit himmelblauen Blumen darauf.
Meine neuen Schuhe sind federleicht, die alten waren bleischwer.
Der Baukran gegenüber ist riesengroß und turmhoch.
Eidechsen rennen blitzschnell.
Die Torte war butterweich.

S. 99

Ja, das ist ein ganz besonderes Fahrrad. Es hat einen modernen Dynamo, eine ganz stabile Federung, einen superweichen Sattel, eine genaue Gangschaltung, tolle Breitreifen, eine laute Klingel, gut funktionierende Bremsen und eine moderne Farbe.
Pfiff ist begeistert!

S. 101

Pfiffs Vorschlag:
Detektive
Du willst genau beobachten. Du kannst Geheimnisse für dich behalten. Warum kommst du nicht zu uns? Maras Detektivtrio braucht dich!
Fußball
Du möchtest nicht alleine sein? Dann spiel Fußball! Kommst du zum FC Niederkassel?
Chor
Komm in unseren Chor! Sollen wir dir etwas vorsingen und -spielen? Worauf wartest du?

S. 103

Wie schön, ein herrlich freier Tag! Pfiff und Molli gehen zum Spielplatz. Dort treffen sie Kathrin und Tom. Endlich ist das Wetter wieder so gut, dass sie spielen können. Prima! Ob noch mehr Freunde vorbeikommen? Das wäre toll!

S. 104

Bei allen Sätzen: Das Wort liest steht immer an der gleichen Stelle, nämlich bei Pfiff.

S. 105

Waschfix wäscht Ihre Wäsche in der Waschmaschine immer weißer.
Waschfix wäscht Ihre Wäsche immer weißer in der Waschmaschine.
Waschfix wäscht immer weißer Ihre Wäsche in der Waschmaschine.
Waschfix wäscht in der Waschmaschine immer weißer Ihre Wäsche.
Immer weißer wäscht Waschfix Ihre Wäsche in der Waschmaschine.
Immer weißer wäscht in der Waschmaschine Waschfix Ihre Wäsche.
In der Waschmaschine wäscht Waschfix Ihre Wäsche immer weißer.
Ihre Wäsche wäscht Waschfix in der Waschmaschine immer weißer.

S. 106

Heinrich will weg
Heinrich geht es schlecht. Oft schimpft man mit ihm und sperrt ihn ein. Ihn quält sein Hundeleben. Deshalb entschließt sich Heinrich, davonzulaufen. Aber wohin?
Heinrich träumt oft von einem neuen Herrchen. Doch jetzt hat er ein Loch im Zaun entdeckt. Er schlüpft hindurch und steht schon auf der Straße. Er rennt los. Kurze Zeit später steht er an einem Zaun. Und was nun?

S. 107

Molli lag gemütlich in der Badewanne und plätscherte so vor sich hin.
Kathrin brachte ihr gerade den Badeschwamm. Plötzlich ging das Licht aus.
Kathrin tastete sich an der Wand entlang in die Küche. Dort lag in der rechten Schublade die Taschenlampe.
Sie leuchtete sich den Weg zurück ins Bad. Da stand doch jemand! Kathrin blieb fast das Herz stehen. Vor Schreck ließ Kalle, der Einbrecher, alles fallen. Dann flüchtete er. Molli lag noch immer in der Wanne und trällerte ein Lied.
Sie hatte von all dem nichts mitbekommen.

S. 108

Der Schreiner hobelt das Brett.
Der Pfarrer schreibt die Predigt.
Der Bauer pflügt den Acker.
Der Schneider näht die Hose.
Der Bäcker backt den Kuchen.
Der Koch kocht den Eintopf.

S. 109

Sachen	Namen	Gedachtes, Gefühle	Lebewesen
Loch	Peter	Trauer	Riese
Wasser	Bello	Furcht	Lurch
Kasten	Andrea	Wunsch	Frosch
Platz	Pfiff	Angst	Elefant
Luft		Neugier	
Eis		Glück	

S. 110/111

Warum das Schwein weinte
Ein Schwein, das auf einem Bauernhof lebte, hörte, wie sich die Menschen stets mit seinem Namen beschimpften.
Die Magd sagte zum Knecht: „Du hast mich belogen. Du bist ein Schwein!"
Der Bauer sagte: „Dieser Händler hat uns betrogen, er ist ein Schwein."
Die Bäuerin schimpfte die Magd aus: „Wie schmutzig und unordentlich die Küche ist! Das ist doch eine Schweinerei!"
So ging es immer weiter.
Das Schwein kränkte sich mehr und mehr darüber.
Eines Tages also, als es wieder hören musste, wie man mit seinem Namen umging, legte es sich hin und weinte bitterlich.
Im Stall war aber auch ein kleiner Esel. „Warum weinst du?", fragte er voll Mitgefühl.
„An meiner Stelle würdest du auch weinen", schluchzte das Schwein und es erzählte dem Esel die Geschichte.
Der Esel hörte aufmerksam zu und sagte: „Ja, das ist wirklich eine Schweinerei!"

S. 112

Wörter wie Angst, Schuld, Recht usw. werden großgeschrieben.
In Verbindung mit sein, werden oder bleiben schreibt man sie jedoch klein.

S. 113

a. Pfiff will mit Molli auf dem zugefrorenen See Eis laufen.
b. Kathrin möchte am Nachmittag mit ihm Rad fahren.
c. In Bezug auf das Fernsehen findet er nicht alles gut.
d. Pfiff muss Molli oft Recht geben.
e. Pfiffs Mutter möchte, dass die Kinder mit den Süßigkeiten Maß halten.
f. Kathrin kann schon Maschine schreiben, sie tippt sehr schnell.
g. Im Turnen sollte Pfiff Kopf stehen.
h. Auf der Post musste Pfiff lange Schlange stehen.
i. Im Grunde ist Pfiff ein ganz netter Hund.

S. 114

Lieber Rudi,
schade, dass die Ferien so schnell wieder vorbei waren. Es war so schön bei dir.
Ich wünsche mir, dass ich es hier auch so ruhig haben könnte wie bei euch. Hier fahren zu viele Autos. Was hat es mir einen Spaß gemacht, mit dir Rad zu fahren oder mit dir die Kutsche zu benutzen. Es muss ja wunderbar für dich sein, dass du jeden Tag das Pony reiten kannst. Du weißt gar nicht, wie gut du es hast. Ärgere dich bloß nicht immer über Peter, der dich so oft hänselt. Es war jedenfalls toll bei dir und ich hoffe, dass ich dich im nächsten Sommer wieder besuchen darf. Jetzt schreibe ich noch ein paar Zeilen für deine Mutter.
Halt die Ohren steif!
Pfiff

S. 115

Liebe Frau Grünewälder!
Es war herrlich bei Ihnen und Ihrer Familie.
Wie gerne habe ich mich von Ihnen verwöhnen
lassen. Mir hat Ihr Essen wirklich immer super geschmeckt.
Ich würde mich freuen, wenn ich Sie und Ihren Bauernhof bald wieder besuchen könnte. Ich freue mich schon auf den nächsten Sommer bei Ihnen.
Vielen Dank und ganz liebe Grüße sendet Ihnen
Pfiff.

S. 117

Pfiff: Bleistiftanspitzerklinge:
24 Buchstaben
Molli: Schokoladenplätzchenzuckerguss:
30 Buchstaben
Pfiff:
Kanalschifffahrtsgesellschaftskapitän:
37 Buchstaben
Molli: Taschenmesserkunststoffgriff:
28 Buchstaben
Pfiff gewinnt.

S. 121

ss: Nuss, Fluss, Klasse, Schloss, Schluss, wissen, müssen, essen, Wasser, fressen, messen, nass, bisschen, lassen
ß: Straße, heiß, Grüße, schießen, fließen, groß, Stoß, Spaß, Fuß

S. 122

Ich schreibe ss, wenn der Selbstlaut davor **kurz** gesprochen wird.
Ich schreibe ß, wenn der Selbstlaut davor **lang** gesprochen wird oder wenn es ein Doppellaut ist.

ss/Molli:
Biss, Fluss, Fass, Guss, Gasse, Hass, hassen, Kuss, küssen, Kissen, muss, müssen, Pass, lassen, Wasser, nass, Nuss

ß/Pfiff:
büßen, Fuß, fließen, Füße, Gruß, grüßen, gießen, Kloß, ließ, Spaß, Späße, außen, saß

S. 123

stimmhaftes s:
reisen, Waise, lesen, leise, Sense, Susi, Rasen, rasen, Sack, Wiese, Weise
stimmloses s:
Straße, Glas, Gasse, Schlösser, blass, fassen,
bissig, außen, hastig, Rest, beißen, fleißig

S. 125

Es ist schlimm, dass es Hochwasser gegeben hat.
Es ist klar, dass wir heute eine Mathearbeit schreiben.
Ich freue mich, dass Pfiff heute zum Spielen kommt.
„Es wundert mich, dass du heute pünktlich bist", sagt Molli.
Ich hoffe doch sehr, dass Oma bald wieder gesund ist.

S. 126

KLASSE

S. 127

s gesprochen und geschrieben: am besten, Wespe, Knospe, testen, rasten, rosten
sch gesprochen und s geschrieben: spielen,
stürzen, streiten, Spiegel, Stiefel, stehen, springen, Sturm, stellen
sch gesprochen und sch geschrieben: schmusen, schmecken, schmatzen, schlängeln, Schulter, Schwamm, schnarchen, Schrank

S. 128

heben – er hebt
hupen – er hupt
sterben – er stirbt
pumpen – sie pumpt
schweben – sie schwebt
leben – sie lebt
geben – er gibt
lieben – sie liebt
üben – er übt

S. 130

grob – gröber, plump – plumper, herb – herber, taub – tauber
das Kalb – die Kälber, der Korb – die Körbe
p: Papagei, Haupt, Grips, Papst
b: hübsch, Erbse, Staub, Obst, Herbst

S. 131

g: der Zwerg, der Berg, die Burg, der Weg, der Pfennig, der Pflug
k: das Gebälk, der Kalk, die Klinik, der Schlosspark, das Werk, der Funk
ch: der Ententeich, der Rauch, der Bach, das Dach

S. 132

Molli hat ein schönes Kleid.
Der Wirt verkauft Getränke in seinem Gasthaus.
Spanien ist ein Land in Europa.
Pfiff hat ein schönes Bild gemalt.
Die Ritter kämpften mit dem Schwert.
Das Brot ist ganz frisch.
Kathrin weint nicht ohne Grund.
Manche Menschen leben in großer Not.

S. 133

schneiden – er schneidet, ziehen – er zieht, nehmen – er nimmt, springen – er springt, laufen – sie läuft, streiten – sie streitet, gehen – es geht, fahren – es fährt, lachen – man lacht, malen – man malt, wandern – er wandert

S. 134

nicken – zwicken, jucken – gucken, necken – lecken, Rock – Stock, Ecke – Decke

S. 135

Zaubertrank, ulkig, welk, wieselflink, wackeln, quieken, verrückt, winken, häkeln, Schmutzfink, Froschgequake, Kühlschrank, gucken, quaken, Quark, Korken, Unglück, Augenblick, stinken

S. 136

Da haut doch glatt die Katze
mir auf die Nase ihre Tatze.
Das Baby, das ist putzig,
der Lausbub immer schmutzig.
Wenn auch die anderen flitzen,
ich bleibe bequem hier sitzen.
Mir fiel doch wirklich meine Mütze
in eine riesengroße Pfütze.

S. 137

Schreib bitte immer nur ein z nach l, r, n,
ach, sei so nett!
Und auch nach au, äu, eu und ei, sei
nett, schreibst du wirklich nur ein z!
Das tz steht nur nach den Selbstlauten,
die kurz gesprochen werden!

Faulpelz – Fliegenpilz – Geizkragen – Steinkauz – Bauchschmerzen – Pfefferminz – Aprilscherz – Gänseschmalz – Hexentanz – Winzling – Witzbold

S. 138

kurzer Selbstlaut: Löffel, Pflanze, Falle, Kammer, Messer, Halle, dünn, Zimmer, Lotto, Lippen, Füller, Suppe
langer Selbstlaut: Zahlen, Schule, kamen, Wale, Düne, Hose, Toto, Gabel, Ruhe, Dose, Schalen, Brote

S. 139

er bellt	sie rennt
bel-len	ren-nen
er scharrt	sie trifft
schar-ren	tref-fen
das Lamm	das Fell
die Läm-mer	die Fel-le
der Stall	sie flennt
die Stäl-le	flen-nen
der Kamm	der Damm
die Käm-me	die Däm-me
der Mann	der Stamm
die Män-ner	die Stämme
der Knall	es knallt
knal-len	knal-len

S. 140

Stofffetzen, Kaffeeersatz, Zooorchester, Seeelefant, Betttuch, Flusssand, Schritttempo, Schifffahrt, Balletttänzerin

S. 141

SCHNELLLAEUFER

S. 142

Stroh + Halm = der Strohhalm
zäh + heit = die Zähheit
Floh + Zirkus = der Flohzirkus
Kuh + Stall = der Kuhstall
roh + heit = die Rohheit
froh + sinn = der Frohsinn
Schuh + Schrank = der Schuhschrank
Das Gnu, das Känguru und der Kakadu fahren Kanu. Und du?

S. 143

Bag-ger / gaf-fen / Ham-mer / Wet-ter / Ge-wit-ter / Af-fe / Gi-raf-fe / Mes-se / ver-wir-ren / be-gin-nen / Rob-be / Krab-be / krab-beln / sab-bern Papp-pla-kat / Bal-lett-tän-ze-rin-nen / Brenn-nes-seln / Fluss-sen-ke

S. 144

1. Ich nehme besser die Regenjacke mit, denn es soll regnen.
2. Ich soll unbedingt etwas essen, aber ich habe keinen Hunger.
3. Pfiff will unbedingt spielen, aber er hat noch Musikunterricht.
4. Kathrin will Pilotin werden, denn sie fliegt so gerne.
5. Molli möchte gerne ins Schwimmbad, aber niemand will mit ihr gehen.
6. Tom ist traurig, denn er hat seine Uhr verloren.

S. 145

Ich habe alles aufgeräumt.
Meine Schreibsachen liegen auf dem Schreibtisch, unter dem Bett steht mein Bastelkarton, auf dem Schrank liegen meine Wasserfarben, im Schuhregal stehen meine Hausschuhe, auf dem Sessel sitzt mein Teddy, in der roten Vase stehen die Blumen, im Bücherregal stehen die Bücher, unter der Fensterbank steht der Papierkorb, unter dem Stuhl liegen noch Papierschnipsel, die werfe ich aber auch noch weg, mit den anderen Sachen bin ich jetzt ganz zufrieden.

S. 146

1. Mein kleiner Bruder kann immer spielen, während ich Hausaufgaben mache.
2. Ich darf heute nicht nach draußen, weil/da ich gestern meine Hausaufgaben vergessen habe.
3. Molli möchte, dass Pfiff heute zu ihr zum Spielen kommt.
4. Nimm dir doch ein Wurstbrot, wenn du Hunger hast.
5. Mutter war hundemüde, als sie von ihrer Wanderung kam.
6. Pfiff hilft bei der Vorbereitung zur Feier, da/weil er gut basteln kann.

S. 147

Im Herbst fliegen, wirbeln, fallen und schweben die bunten Blätter.
Im Winter wirbeln, fallen, tanzen und schweben die Schneeflocken.
Pfiff malt rote, blaue, grüne und gelbe Sterne auf Papier.
Den ganzen Morgen über schreiben, rechnen, lesen, malen und kichern die Schüler.

S. 148

1. Der Lehrer fragt die Klasse: „Wer kann mir drei Tiere nennen, die in Asien leben?" Fritz meldet sich und sagt: „Ich, Herr Lehrer, ein Tiger und zwei Elefanten."
2. Die Lehrerin sagt in der Sachkundestunde zu Manfred: „Nenne mir doch bitte einmal ein paar Tiere!" Manfred zählt auf: „Hündchen, Hühnchen, Hähnchen, Entchen, Kätzchen."
„Was", beschwert sich da die Lehrerin, „warum hängst du denn überall ein -chen dran? Nenne mir doch noch andere Tiere!" Da antwortet Manfred: „Eichhörn, Meerschwein, Kanin."
3. Mutter ist außer sich: „Wieso hast du denn schon wieder fünfzehn Fehler im Diktat?" Moni antwortet: „Ich kann doch nichts dafür, wenn mein Lehrer immer so lange danach sucht."

S. 149/150

Wir sammeln Müll
Die Schüler, Schülerinnen, unsere Lehrerin und zwei Mütter haben am letzten Donnerstag im Wald Müll gesammelt.
„Schaut überall nach, auch in den Gräben!", sagte die Lehrerin.
Eine der Mütter rief noch: „Seht auch unter die Büsche und zieht auf alle Fälle Handschuhe an!" Dann konnte es losgehen!
Immer zwei oder drei Kinder waren zusammen. Sie hoben auf, was sie fanden, und taten es in Müllsäcke.
Was da alles gefunden wurde: Zigarettenschachteln, Getränkedosen, leere Flaschen, Papier, Plastiktüten und Scherben.
Man fand sogar Autoreifen, ein altes Sofa und ein Bettgestell.
„Ob hier jemand wohnt?", fragte Timo lachend.

S. 154

jemanden hinter's Licht führen: jemanden täuschen
bei Licht besehen: etwas genau betrachten oder bedenken
das Licht der Welt erblicken: geboren werden
etwas kommt ans Licht: eine Sache wird bekannt
jemandem geht ein Licht auf: jemand hat plötzlich verstanden
jemandem ein Licht aufstecken: jemanden über etwas aufklären
sein Licht unter den Scheffel (Schemel) stellen: zu bescheiden sein

S. 155

„Ich war ein superhübscher Hund, als ich das Licht der Welt erblickte", sagt Pfiff.
Molli antwortet: „Ich war sicher nur eine kleine graue Maus."
„Stell dein Licht nicht unter den Scheffel!", entgegnet Kathrin.
„Mir geht ein Licht auf!", ruft Tom, als er merkt, dass sein PC-Spiel gar nicht verschwunden war, sondern dass Fidibus es hatte.
„Der wollte mich wohl hinters Licht führen!"
Aber das wollte Fidibus sicher nicht.
Bei Licht besehen war das eine reine Verwechslung.